软岩／硬土强度与变形特性试验方法研究

路新景　房后国　李振灵　张　一　著

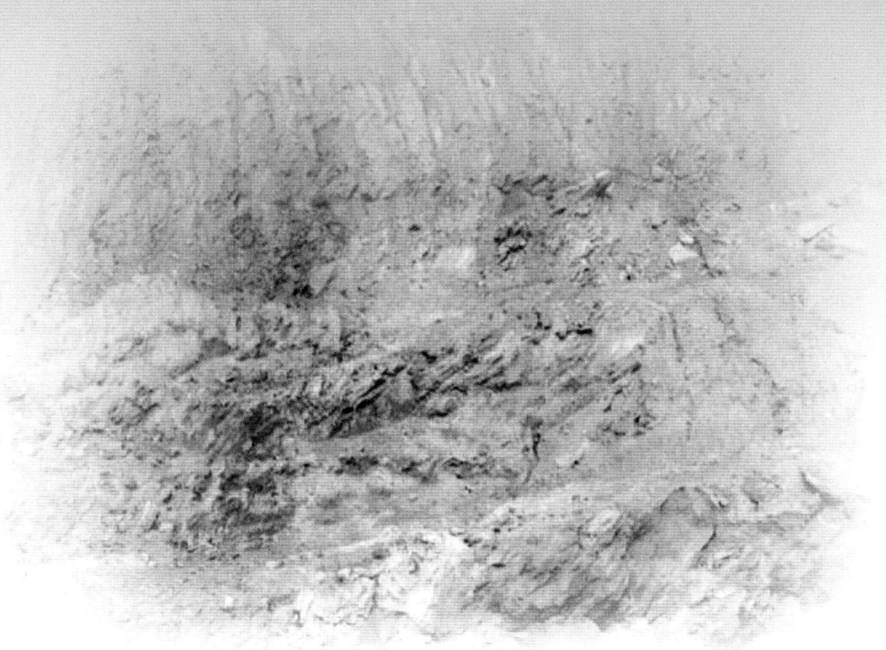

黄河水利出版社

内 容 提 要

本书是针对当今国际工程地质界提出的一个挑战性课题进行研究的成果总结，研究方法已获得国家专利技术的批准。书中主要内容包括软岩/硬土的界定研究、软岩/硬土的基本工程特性研究、软岩/硬土的尺寸效应与围压影响研究、软岩/硬土的力学指标获取方法研究、创新试验方法的验证等。

本书填补了软岩/硬土力学特征指标获取方法研究在国际上的空白，可供从事岩土工程勘察、设计、施工、监理、科研人员使用，也可供高等院校的师生参考。

图书在版编目(CIP)数据

软岩/硬土强度与变形特性试验方法研究/路新景等著. —郑州：黄河水利出版社，2011.5

ISBN 978-7-5509-0058-5

Ⅰ.①软… Ⅱ.①路… Ⅲ.①软弱岩石-强度试验-研究②硬黏土-强度试验-研究③软弱岩石-变形试验-研究④硬黏土-变形试验-研究 Ⅳ.①TU4

中国版本图书馆 CIP 数据核字(2011)第 090880 号

组稿编辑：岳德军 电话：0371-66022217 E-mail：983375628@qq.com

出 版 社：黄河水利出版社

地址：河南省郑州市顺河路黄委会综合楼14层 邮政编码：450003

发行单位：黄河水利出版社

发行部电话：0371-66026940、66020550、66028024、66022620(传真)

E-mail：hhslcbs@126.com

承印单位：河南省瑞光印务股份有限公司

开本：787 mm×1 092 mm 1/16

印张：10.75 插页：2

字数：200 千字 印数：1—1 000

版次：2011 年 5 月第 1 版 印次：2011 年 5 月第 1 次印刷

定价：39.00 元

作者简介

路新景，黄河勘测规划设计有限公司副总工程师，教授级高级工程师。1963 年 11 月 3 日出生，河北永年人。1982 年毕业于华北水利水电学院工程地质与水文地质专业，后师从原国际工程地质与环境学会主席、中国工程院院士王思敬教授，获岩土工程博士学位。

1982 年至今，在原水利部黄河水利委员会勘测规划设计研究院（现黄河勘测规划设计有限公司）从事工程地质勘察工作。曾主持过小浪底水利枢纽、南水北调西线工程、南水北调中线穿黄工程、龙门水库、古贤水利枢纽、宝泉抽水蓄能电站、西霞院水库、郑州商阜新村、二七立体停车场、郑州新区抗震救灾规划等项目的勘察工作，发表专业论文 30 余篇。

曾任中国工程勘察协会理事，中国水利学会勘测专业委员会常务副主任委员，中国水利学会地基处理专业委员会委员，中国土力学学会地基动力委员会委员，中国地质学会工程地质专业委员会常务委员，国际工程地质与环境地质学会中国小组成员，河南省岩石力学与工程学会副理事长，河南省地质学会副理事长，国家级计量认证师资评审员，首批治黄科技拔尖人才，国家博士后基金评审专家，清华大学工程硕士导师，浙江大学兼职教授，河海大学硕士生导师，华北水利水电学院硕士生导师，黄河勘测规划设计有限公司博士后工作站导师，河南省重点实验室评审专家，《岩石力学与工程学报》、《水文地质与工程地质》审稿专家等。

序　一

随着经济建设的发展，众多工程建设所涉及地质体的广度和深度越来越大，工程建设过程中所面临的特殊工程地质问题也层出不穷，软岩/硬土工程地质问题就是其中之一。国际工程地质界 1993 年在希腊召开的国际工程地质大会就专门以软岩/硬土作为大会的主题，指出软岩/硬土有别于岩石和土，倡导进行相关专门研究。由于软岩/硬土工程地质性质的特殊性及目前研究的局限性，国内外与软岩/硬土不良工程地质特性有关的问题也在不断发生。例如，前苏联伏尔加格勒和前高加索地区、希腊、日本、瑞士北部及巴西东西部均遇到过软岩/硬土地层引起的边坡失稳、泥石流、隧洞变形破坏等工程问题；国内西气东输工程、万家寨引黄入晋输水隧洞、南水北调中线工程等建设过程中也出现了与软岩/硬土有关的滑坡及变形破坏问题。因此，软岩/硬土工程地质特性研究常成为制约工程方案成败的关键问题之一，深入研究软岩/硬土的工程地质特性及其应力—应变关系对工程建设有着重要的理论和实际意义。

由于软岩/硬土是介于岩石与土之间的特殊岩土体，其工程地质特性与传统认识的岩石与土均有着明显的不同，与此同时，目前的研究主要是对软岩/硬土工程特性的定性描述与解释，研究手段与方法都远不成熟。本书作者在工程勘测设计过程中遇到了大量的软岩/硬土相关问题，发现按照传统的基于土力学理论的土工试验方法和基于岩石力学的岩石试验方法，获得的软岩/硬土强度和变形指标常相差较大，这给工程勘测设计过程中如何合理选用强度与变形参数带来很大的困难。针对不同标准试验方法获得的试验结果存在较大差异的情况，作者以西霞院工程中上第三系软岩/硬土的工程地质问题作为主要研究对象，开展了多年的大量研究，认为两种标准试验方法得到强度与变形指标的差异主要来自受力条件与试验控制标准的不同。作者通过力学条件的仿真模拟和合适的试验控制标准对软岩/硬土变形特性开展了一系列试验研究，初步掌握了这种特殊岩土在实际工程受力工况条件下的应力与变形特征，找到了一种软岩/硬土合适的力学指标试验方法。在软岩/硬土试验方法、岩土分类标准、特殊岩土力学参数确定方法、地基承载力补偿理论研究方法等方面均有所突破，提出了岩土变形指标新的应用技术，丰富了软岩/硬土研究的技术手段。

本书是目前国内外首部较为系统介绍软岩/硬土变形特性试验方法研究的学术专著。全书内容丰富，思路清晰，技术手段具有创新性。所取得的研究成果对特殊岩土强度与变形理论会产生一定的影响，对学科的发展将产生积极的推动作用，与些同时，也成功解决了西霞院工程和类似工程的关键性技术问题，提高了国内外软岩/硬土研究领域的技术水平，为软岩/硬土地基处理提供了可靠的理论支撑，对修建在软岩/硬土地基上的水利工程具有重要的参考价值。

鉴于软岩/硬土的特殊性和复杂性，本书虽然取得了相当的研究成果，但对于这种特殊岩土来说，还有不少问题需要继续开展和加强研究，希望作者在今后的研究中不断积累、总结，进一步丰富软岩/硬土工程地质特性研究内容，推动软岩/硬土地质理论的形成和发展。

原国际工程地质与环境学会主席
中国工程院院士
王思敬
2011 年 4 月

序　二

软岩/硬土是一种特殊岩土体,国际工程地质与环境学会在1993年就组织了第一次软岩/硬土专门国际会议,指出软岩/硬土有别于岩石和土的重要概念,倡导进行相关专门研究。在我国,随着国民经济的发展,国内许多工程建设中都遇到了软岩/硬土所带来的工程地质问题,如南水北调中线工程就有许多地段的地基属于这类岩土,需要对其工程特性进行专项的研究。

软岩/硬土是介于岩石与土之间的特殊类型的过渡型岩土体,具有成岩时间短、强度低、相变不规律的特性,同时具有既有别于岩石,又有别于土的特殊工程特性。目前,软岩/硬土的研究主要在其成因、物质组成、超固结性、裂隙性及膨胀性等方面,而对软岩/硬土强度与变形特性的研究还十分欠缺,力学指标的试验研究也还缺乏合适的手段和方法,直接制约着工程设计的安全性与合理性。

本书作者依托黄河西霞院工程,围绕工程的重大技术问题——软岩/硬土地基重要设计参数的获取,进行了系统的研究。研究中发现,在不同试验规范规定的试验条件下,获得的变形指标相差甚大,变形模量甚至相差百倍;不同试验方法得到的地基允许承载力也相差甚大。作者通过对比研究和讨论,创新性地进行了软岩/硬土的室内仿真载荷试验,同时进行了多角度、多方法有效性验证,指出了现有传统的土工和岩石力学试验方法对这类特殊岩土的局限性,找到了一种获取软岩/硬土力学指标的有效试验方法,获得了软岩/硬土地基强度和变形模量在一定条件下的客观变化的规律,针对西霞院工程提出了这类岩土体比较合理的岩土力学参数,从而为软岩/硬土地基的设计和处理方案的选择提供了科学合理的技术支撑。工程建成多年的运行表明,利用该项研究所建议的岩土体物理力学参数是恰当的。

本书的研究得到了许多有价值的成果,提出的软岩/硬土力学指标的研究方法对推动软岩/硬土工程特性的研究有着重要的意义,研究方法值得肯定。

本书的另一显著特点就是针对工程实际问题,是将理论与实际很好结合的范例,这是一条推动工程地质科学发展的正确途径。希望作者在此次研究的基础上，结合今后愈来愈多的工程实践，不断丰富软岩/硬土的研究成果，为进一步发展与完善软岩/硬土工程地质理论及研究方法作出新的贡献。

中国工程勘察大师
教授级高级工程师

2011 年 5 月

前　言

有一种既有岩石特征又有土的特征的特殊岩土被称为软岩/硬土,该类岩土是国际工程地质界和国际岩土界在1993年希腊“国际硬土－软岩学术讨论会”上首次提出的在岩石与土之间存在的一种过渡型特殊岩土体,有别于传统的岩和土,到目前为止,对其研究的手段和方法都远不成熟。

笔者在多年的工程实践中大量地接触到了这类岩土体,同时遇到了许多问题和困惑,在一些工程的设计过程中,针对该类地层的复杂性,我们在利用现有的标准试验方法进行系统研究时,发现按照传统的基于土力学理论的土工试验方法与基于岩石力学理论的岩石试验方法,获得的软岩/硬土强度和变形参数存在很大的差异,如其变形指标的试验结果差异较大,就会使得对这类岩土的力学指标的认识和合理取值存在很大困难,直接制约着工程的设计安全与合理性,也许会成为工程的极大隐患。针对这种情况,研究如何找到合适的软岩/硬土力学指标试验方法成为软岩/硬土力学特征研究中的关键性技术问题之一,到目前为止,国际岩土界对这种过渡型特殊岩土体的力学特征仍没有一个公认的合适研究方法。在工程应用检验时,我们以西霞院工程为例,主要研究了如何认识软岩/硬土地基存在的承载力不足与变形可能过大的问题,通过研究确定合理的试验方法、参数取值,提出合适的复合地基处理方案,也是西霞院工程研究中的关键性技术问题。

针对这种不同试验方法获得的试验结果存在较大差异的情况,尤其是关系到实际工程成败的岩土力学参数研究存在较大差异的情况,我们认为必须深入研究试验方法与该类岩土体特性及赋存条件的适应性,以及与工程运行工况的适应性。在此背景下,进行了该类岩土力学特性的专门试验方法研究。

研究认为,两种典型标准试验研究方法中关于岩土变形特征指标的主要差异:一是来自受力条件的模拟差异,二是来自试验控制标准之间的差异。我们期望通过力学条件的仿真模拟和合适的试验控制标准对这种特殊岩土的变形特征进行实际受力工况条件下的变形特征模拟研究,找到这种特殊岩土在工程中的实际受力与变形特征,进一步找到适合这种特殊岩土的力学试验方法,以填补这类特殊岩土的有效力学指标研究方法的空白。

本书以西霞院电站地基和南水北调中线的上更新统软岩/硬土(带有普遍意义)的力学仿真试验研究为基础,在特殊岩土试验方法、岩土分类标准、特殊岩土力学参数的确定方法、地基承载力补偿研究方法等方面均有突破，甚至提出了岩土变形指标的新的应用技术，丰富了软岩/硬土研究方法，不仅成功解决了西霞院工程和类似工程的关键性技术问题，也为类似地基的处理找到了合理理论支撑，大大提高了软岩/硬土研究领域的技术水平，对在软岩/硬土地基上兴建水利工程具有重要的参考价值。

研究成果主要在以下几个方面有所突破：

(1)通过基本试验资料对比，提出了典型软岩/硬土(泥质)和非典型软岩/硬土(砂质)的概念，通过对侧向起始应力的研究和典型岩土应力—应变曲线的分析，明确了岩土材料变形参数的分段性。

(2)通过对软岩/硬土尺寸效应与裂隙性的研究，提出了泥质软岩/硬土单轴抗压强度优势尺寸的概念，进一步明确了泥质软岩/硬土室内力学试验的方向。

(3)研究了软岩/硬土强度与变形试验的一种新方法——载荷仿真试验，通过试验获得了软岩/硬土地基强度与变形模量随盖重变化的直线和指数贡献规律，突破了岩土材料固有不变的强度与变形模量的定义。

本书的主要研究内容和认识包括以下几个方面：

(1)以西霞院电站厂房地基软岩/硬土为研究样本，通过标准试验方法，对它的物理化学性质、膨胀特征及单轴抗压强度和压缩指标等特性进行了较为系统和详尽的分析。

(2)找到了一个软岩/硬土力学指标的有效试验方法——软岩/硬土室内仿真载荷试验，得出了软岩/硬土的承载力在特定荷载条件下随围压的增加基本呈直线型增大，弹性模量、变形模量随围压的增加呈指数增加的规律。

(3)不同尺寸的软岩/硬土的强度和变形特征存在力学差异，这主要是软岩/硬土的隐裂隙和不均一性的影响所致。根据样品的破坏形态，研究了裂隙性对强度的控制性作用，所得结论符合岩石的结构控制论特征。

(4)通过不同标准条件下的试验对比、侧压力试验对比、不同围压三轴压缩对比、数值模拟对比、实际工程的沉降观测对比等，验证了软岩/硬土载荷仿真试验的有效性。

(5)为水利工程地基承载力补偿理论的建立找到了一条以室内载荷试验为基本手段的研究途径。

(6)通过侧压力试验，讨论了弹性模量、变形模量、泊松比分段研究的技术可能性与理论合理性，首次提出了变形三大指标的分段性，探讨了参数工程应用的有效区域和数据整理方法。

本书是在黄河勘测规划设计有限公司自主研发项目(No. 2003—ky01)的主

要成果基础上形成的，项目课题组由路新景负责，课题组主要成员有路新景、吴伟功、王宝成、吴中伟、史效群、房后国、张一、刘宗仁、李振灵、常福庆、李斌等。

黄河勘测规划设计有限公司岩土与材料科学研究院为课题研究的主要依托部门，对课题研究给予了大力支持和帮助，在此表示深深的谢意。本项研究工作得到了黄河勘测规划设计有限公司总工程师办公室、西霞院项目组和工程技术研究中心的关心与支持，在此一并表示感谢。

本书在成稿过程中得到了前国际工程地质与环境学会主席、工程院院士王思敬先生，河海大学副校长徐卫亚教授，南京大学罗国煜教授的直接指导和帮助，在此向他们表示崇高的敬意。

由于本书研究的主要内容多属于开创性研究，有些观点和认识可能并不完全成熟，但愿这些研究能给工程地质界和岩土工程界的同行们作出一点点启示，能为丰富软岩/硬土的研究成果作出一点贡献。

作　者

2010 年 10 月

目　录

1 绪 论

1.1 研究问题的提出和研究意义

有一种既有岩石特征又有土的特征的特殊岩土被称为软岩/硬土,该类岩土是国际岩土界在1993年希腊“国际硬土－软岩学术讨论会”上首次提出的在岩石与土之间存在的一种过渡型特殊岩土体,有别于传统的岩和土,到目前为止,对其研究的手段和方法都远不成熟。

针对该类地层的复杂性,作者在利用现有的标准试验方法进行系统研究时,发现按照传统的基于土力学理论的土工试验方法与基于岩石力学理论的岩石试验方法获得的软岩/硬土强度和变形参数存在很大的差异,使得对该类岩土的力学指标的合理认识极为困难。因此,如何找到合适的软岩/硬土力学指标试验方法就成了软岩/硬土力学特征研究中的关键性技术问题之一,到目前为止,国际岩土界对这种过渡型特殊岩土体的力学特征仍没有一个公认的合适研究方法。在工程应用检验时,对西霞院工程而言,如何认识软岩/硬土地基存在的承载力不足与变形过大的问题,确定合适的复合地基处理方案也是工程研究中的关键性技术问题。

针对不同试验方法获得的试验结果存在较大差异的情况,尤其是关系到实际工程成败的岩土力学参数存在较大差异的情况,我们认为至少一种试验方法获得的结果是不正确的,甚至两种试验方法获得的结果都是不正确的。在此背景下,进行了该类岩土力学特性的专门试验方法研究,以填补这类既不适合按照典型土力学试验要求,也不适合按照典型岩石力学试验要求进行研究的特殊岩土的有效力学指标研究方法的空白。

软岩/硬土作为岩石和土之间的过渡型岩土体,现在的研究中尚存在不少问题待研究,如:定名或判别分类尚未统一;在取样、制样、试验设备及试验方法等方面缺乏有效和适用的标准;其地基承载力和变形特征研究主要是理论研究,与实际有较大差距,对其回弹特性也少见研究,针对这类特殊岩土的工程地质特性和力学特性的专门深入的研究更少。

需要研究的这种特殊岩土,具有成岩时间短、强度低、相变大等特征,通过研究,将其主要地层概化为微胶结砂(岩)和泥(岩)类两种典型状态,它们同时具有岩石和土的特征，以下称为砂质软岩/硬土和泥质软岩/硬土。

在参数获取过程中，依据岩石和土工试验规程规定的方法进行试验，力学指标试验结果差距很大，与人们通常的认识也有较大不同。首先，从标准分析可以看到，样品受力状态与现场岩土体的实际受力状态显然不一致，现行岩石或土工试验采用的是标准试样，在无侧向约束的情况下或完全侧限条件下进行单轴抗压（压缩）试验，得出较小（大）的抗压强度值；其次，室内试验试件尺寸较小，受土体结构等影响大，试验结果往往会出现较大偏差；再次，现场原位试验虽然试件尺寸较大，试件受扰动较小，具有较好的代表性，被广泛认可，但由于多是在卸荷和减掉了盖层压重的条件下进行的试验，其结果仍有一定的局限性，不能做出与实际工程受力条件近似的试验，更不能做出实际工程工况条件下的试验研究。因此，对于这种软岩/硬土按现有的岩石试验规程或土工试验规程进行试验所得出的结果都难以与实际情况接近，也难以较为准确地描述这类岩土的力学特征。

基于上述原因，提出了对这类特殊的岩土体进行关键参数获取方法的专门研究。第一，要求通过研究可以进一步了解和较好地掌握软岩/硬土的物理力学特性，提出更为接近实际工程条件的岩土参数，从而为实际应用奠定基础；第二，借助西霞院工程在如此工程背景下能直接取到不扰动的长期位于地下水位以下的样品进行试验，国内并不多见，是一次十分难得的研究机会；第三，通过研究，找出合适的试验方法获取软岩/硬土所具有的物理力学特性，尤其是变形特性，对于填补国内外研究空白，总结这类特殊岩土指标的取值和研究方法及使用原则，提高水利行业的科学研究水平和勘测设计水平等具有重要意义。

1.2 依托工程的背景与工程问题

本书研究的一个主要的工程实例是西霞院反调节水库（见图 1-1），该水库是小浪底水利枢纽的配套工程，位于黄河中游最后一个峡谷段与下游宽浅河段的过渡段，上距小浪底水利枢纽工程约 16 km，其开发目标是以反调节为主，结合发电，兼顾供水、灌溉等综合利用，同时可以作为向华北应急供水的水源库。

西霞院反调节水库总库容 1.62 亿 m^3，土坝最大坝高 20.2 m，电站段最大坝高 51.5 m，电站装机容量 140 MW。

电站地基为上第三系软岩类岩体，也就是本书研究的软岩/硬土，其在天然条件下承载力不足，变形模量相对较小，是否需对电站地基进行工程处理和如何处理需要研究。

本书研究的另一个工程实例是南水北调中线工程河南潮河段，该工程段位于河南郑州市境内，隧洞全长 18 km，埋深 15 ~ 40 m。隧洞穿越上第三系软岩/

图 1-1　西霞院反调节水库效果图

硬土时，是否会产生大变形将会成为影响方案成立的控制性问题。

2004 年年初，黄河西霞院反调节水库主体工程正式开工。通过基础开挖，区域内这种长期位于地下水位以下的上第三系地层的特殊岩层被揭露出来。根据水利部水利水电规划设计总院对西霞院工程初步设计的审查意见，在施工开挖后需对该地层进行进一步研究，以确定以地基的力学指标为主的控制性技术指标。为此，我们进行了大量的大型现场原位试验和室内试验工作，为工程设计、施工提供了基本的试验资料。但是，由于这种岩土体本身所具有的特殊的物理力学性质，加之岩石和土工试验规程所规定的方法存在局限性，主要针对的是典型岩石和土，对这类岩土缺乏针对性研究，使得采用土工试验方法和岩石试验方法所得结果之间存在较大差异，尤其是变形指标相差甚大。根据这两种不同试验方法得到的地基允许承载力也相差甚大，且不通过地基埋深补偿就不能满足工程要求，而水利工程的电站地基暂时还没有承载力补偿的规定方法和理论。

1.3　国内外研究现状

随着人类工程建设规模和发展空间的不断扩大，世界上许多国家都遇到了一系列新的工程地质问题。长期以来，没有引起人们足够重视的软岩/硬土的工程地质问题就是其中之一。目前，国内外在这类研究中均以有一定黏粒含量的泥质软岩/硬土作为主要的研究对象。

由于工程规模的扩大和不断向地下空间发展，开挖深度不断增加，导致国内外与软岩/硬土不良工程地质特性有关的问题不断发生。我国许多大型工程建设都遇到过与工程性质极为复杂的软岩/硬土有关的问题，如西气东输工程建设过程中出现的与上第三系硬黏土(软岩/硬土)有关的滑坡问题,万家寨引黄入晋输水隧洞的变形破坏问题,四川攀枝花城市建设中频繁发生的昔格达层滑坡问题,北京西客站地铁站建设过程中遇到的与上第三系软岩/硬土有关的问题,鲁西南和徐淮地区隐蔽型煤田巨厚覆盖层中上第三系泥质沉积物在煤矿竖井开挖、运营过程中的大变形问题,南水北调中线工程从陶岔渠首经南阳盆地—宝丰渠段及邯郸西北部等渠段上第三系裂隙化硬黏土(软岩/硬土)大型渠道在开挖和运营期间的工程和环境效应问题。

与软岩/硬土不良工程地质特性有关的问题在国外也不乏其例,如希腊的上第三系泥质沉积物的分布十分广泛,由于构造运动、地貌条件及气候条件的影响,常导致滑坡、泥石流的发生;在瑞士的北部,许多超固结黏土(软岩/硬土)沉积物由于修建公路而造成大量边坡失稳(Rey 和 Schinder,1993);日本的上第三系泥质沉积物常引起大量滑坡和隧洞变形破坏;巴西东南部修建公路开挖路堑引起的工程问题也相当普遍,其主要是硬黏土(软岩/硬土)坍塌造成的;苏联伏尔加格勒和高加索地区在引水工程建设中曾遇到严重的上第三系硬黏土(软岩/硬土)边坡灾害问题。

西霞院工程是继小浪底工程之后的又一大型工程项目,在西霞院电站厂房地基方面也相应地出现了与中国东部类似的、与上第三系软岩/硬土有关的工程地质问题,受到了工程地质与岩土工程界的广泛关注。南水北调中线潮河段隧洞工程也受软岩/硬土工程性质所控制。这种岩土的技术参数一旦出现较大偏差,必将对工程产生较大的影响,甚至导致工程的安全问题。由此看来,深入研究软岩/硬土的工程地质特性及其应力—应变关系对工程建设有着重要的理论和实际意义。

1.3.1 软岩/硬土界定研究

有关文献表明,关于软岩/硬土的一些研究是对于软岩的研究,多采用软岩的力学性质、物质成分、结构构造相结合的途径,详细地讨论软岩的定义及判别方法。本书对国内外对软岩定义的表述到软岩分类标准进行了总结,认为软岩定义的基点是软岩的力学性质;软岩经过成岩作用比同成分土类有更高的水稳定性和结构强度,且随地质年代增长而变大;软岩的力学性质更多地表现为低弹性高塑性;判别标准或方法中的定性程度高于定量程度,异位测定多于原位实测。将软岩定义为主要由黏土矿物或黏粒组成的,以泥状结构(泥质或钙质)、碎屑结构或胶结结构为主,不连续结构面发育,力学强度低,变形模量小,亲水变形大,流变效应明显的多成因地质作用形成的自然岩石。

更有不少软岩/硬土的研究是针对硬土的研究,且主要是针对硬黏土的研究。德、英两国分别在1917年和1939年就有关于裂隙硬黏土(软岩/硬土)边坡滑坡的记载,并对滑动性质和原因进行了专门研究。著名的土力学家太沙基指出:黏土和其他黏聚性土的稠度常以软、中等、硬等词语来表示,并给出了硬黏土(软岩/硬土)稠度与无侧限抗压强度之间的关系。多年来,许多机构和研究者也多采用无侧限抗压强度来界定软岩/硬土,只是标准不甚统一。

国外早期的一些研究多称这种软岩/硬土为硬黏土,而国内以往把第四纪以前形成的沉积物原则上都称为岩石。因此,常导致这类过渡型岩土体的定名与工程性质在认识方式上不协调,取样、试验及分析计算方法的确定等处于混乱状态,尤其是采用不同的试验方法得出的相差甚远的一些试验结果,给设计和施工人员带来了难以理解的困惑和不可避免的疏漏。在我国,目前使用的一些工程勘察规范中把无侧限抗压强度大于0.24 MPa的黏土称为很硬的土,而何时被称为软岩则无明确的认识,主要由时代确定,这与太沙基的提法无本质区别。一般而言,硬黏土是指液性指数小于0.25的硬塑或坚硬状的黏土,其形成的地质时代通常是中更新世(Q_2)至晚第三纪(N),在英国和俄罗斯地台早第三纪以前的泥质沉积物也常具有这种硬黏土的特点。硬黏土又可以分为膨胀性硬黏土和非膨胀性硬黏土。张永双、曲永新在总结以往国内外有关规范、标准及相关研究成果的基础上,结合我国大量工程实践和他们的研究积累,认为软岩/硬土主要是指单轴(或无侧限)抗压强度为0.3~1.5 MPa的强固结或微成岩的地质体,大致相当于国际岩石力学学会岩石和固结材料分类中极硬土-极软岩的范畴,是一种极易引起工程地质问题的特殊岩土体,一般是正在向岩石转化的泥质沉积物。软岩/硬土并不是一个简单的地质名词,它还反映了这种岩土的坚硬程度,具有典型的工程含义。本书将西霞院工程和潮河段遇到的上第三纪沉积物的典型岩土统称为软岩/硬土。

上第三系软岩/硬土作为地质历史的产物有其形成演化的历史过程。从地质方面来讲,软岩/硬土的成因、发育分布规律在不同地区有所差异,物质组成也不尽相同,因而工程特性也会有所差异。由于现代工程类型繁多,工程规模和技术要求也各不相同,因而工程实践中所遇到的问题也千差万别,不同行业的研究人员由于工程的要求所研究问题的思路和角度也不同,这导致对软岩/硬土的研究涉及的方面和程度不同。目前,对软岩/硬土的概念尚未统一,研究的侧重点也不同,许多研究者往往侧重于基本性质研究而忽略了其工程特性的研究。因此,准确、全面地把握当前与上第三系软岩/硬土有关的研究进展是一项艰巨的任务。尽管如此,从实际的工程建设中遇到的普遍性问题出发,有所侧重地对相关领域的研究进行综述,对更进一步研究软岩/硬土十分重要。

岩、土分类问题是多年来土力学界、岩石力学界及工程地质学界共同关心的问题。处于土与岩石之间的过渡性岩土体也引起了土力学家的注意。早在1975年，在阿根廷召开的第五届全美土力学和基础工程会议上就提到"软弱材料的力学特性"这样一个议题。此后，在岩石力学领域和工程地质学领域都涉及与"软岩"有关的议题，其中的极软岩中的一部分就属于软岩/硬土。

20世纪90年代以前，虽然人们重视过渡性岩土体的研究，但是国内外绝大多数研究者仍然把作为工程建筑物地基、边坡和地下工程围岩及天然建筑材料的地质体区分为岩体和土体，并分别成为岩石力学和土力学各自独立的研究对象。但随着研究的深入，各国都遇到了似土非土、似岩非岩的地质体，1993年在希腊首都雅典召开的"国际硬土-软岩学术讨论会"上，许多学者提出在岩石与土之间存在着一种过渡型的岩土体——软岩/硬土，并建议把传统的二分法变为三分法，这种观点虽然目前尚未达成共识，但已经有了显著的突破。表明人们对硬黏土(软岩/硬土)的关注已不仅仅限于"土"的范畴，对极软岩(软岩/硬土)的研究也不仅仅限于"岩"的范畴，还要从更广的视野去研究它，从而为促进土力学与岩石力学理论方法的融合起到了重要的作用。

1.3.2　软岩/硬土工程地质特性研究

软岩/硬土的工程地质特性包括基本的地质特征和工程特性，软岩/硬土基本地质特征的研究是软岩/硬土工程特性研究的基础。软岩/硬土的基本地质特征包括软岩/硬土的成因、物质组成、结构特征、演化过程中的成岩作用及构造风化作用等方面。从以往的研究成果可以得知，包括上第三系软岩/硬土在内的硬黏土(软岩/硬土)工程特性集中表现为超固结性、裂隙性和膨胀性。

1.3.2.1　软岩/硬土成因研究

典型的软岩/硬土绝大多数属于上第三系地层，该层分布广泛，包括中国在内的世界上许多国家，如美国、日本、俄罗斯、捷克、西班牙、英国、意大利、南斯拉夫等都有分布。从对上第三系典型的软岩/硬土研究来看，该层成因大致为陆相、海陆交互相和海相。我国除海南和台湾地区为海相或海陆交互相沉积外，其他地区的上第三系主要为河湖相沉积，本书所研究的典型岩土就属于河湖相沉积。上第三系地层的全球性时空分布特点决定了这种典型的软岩/硬土问题成为了世界范围内的普遍性研究课题。

1.3.2.2　软岩/硬土的物质组成研究

软岩/硬土的颗粒分布、黏粒矿物组成及胶结物的成分等是决定其工程地质特性的物质基础，黏土矿物组成的不同，尤其是蒙脱石含量的差异，将直接影响到软岩/硬土的物理化学性质及工程特性。20世纪70~80年代，随着国际上一些先进测试技术(X射线衍射、透射电镜、扫描电镜、远红外和紫外光谱等)在黏土矿物分析中的应用，一些重大的发现也随之而来，如黏性土或泥质的黏土矿物组成有相当大的比例是以各种混层矿物（伊利石/蒙脱石、绿泥石/蒙脱石、高岭石/蒙脱石等）的形式存在，以及黏土矿物的形成机理、晶格结构、混层矿物的特性及演化等方面的研究都有所突破。目前，已经建立了 X 射线衍射定性定量分析方法、混层矿物混层比的计算方法等，并已在工程地质和岩土工程领域得到了具体应用。

在我国，20 世纪 80 年代中期以来在黏土矿物方面的研究有了较快的发展，但仍不能引起研究人员的足够重视，并且由于混层矿物理论、技术上的难度和测试费用高等，90 年代中期还是限于定性判别，定量研究程度和测试精度较低。鉴于工程黏土中碎屑矿物含量较多、颗粒细小、结晶程度差、成分和结构复杂，中国科学院地质研究所曲永新研究员通过长期的膨胀性岩土工程实践和试验研究总结指出，从工程地质和岩土力学角度考虑，黏土矿物的定量最重要的是，有效蒙脱石含量。在此思想的指导下，并结合工程实际，引进了有效蒙脱石的快速测定法（$SnCl_2$ 容量法）。更重要的是，有效蒙脱石含量测定方法具有简单、快捷、有效等优点，因而具有广泛的应用价值，并克服了 X 射线衍射法样品处理技术难度大、测试费用高、很难在工程上广泛应用等缺点。张永双等应用以上方法，成功、系统地研究了中国东部上第三系硬黏土（软岩/硬土）的物质组成和物理化学性质。

1.3.2.3 软岩/硬土的构造成因研究

软岩/硬土的构造研究主要反映在对硬土的结构研究上，从 20 世纪 20 ~ 80 年代的局限于微观领域的研究到对一些特殊土体（黄土、膨胀土等）的结构定性描述、分类及土的特殊性质等方面的研究，再到后来的对土体的微观结构的定量研究，并且把非线性理论应用到土体微观结构的研究中。人们已经认识到，微观结构的定量化及与宏观结构研究的密切结合迫在眉睫。

早在 20 世纪 30 年代，太沙基就开始注意到裂隙对土体力学性能的影响，但未引起岩土工程界的广泛关注。谷德振在 20 世纪 70 年代末针对土力学和土体工程地质研究忽视土体宏观结构的倾向，提出了土体和土体结构的概念。他根据工程地质观点认为，土体是与工程建筑物的变形和稳定有关的新第三纪以来的地质体。当土体的规模较小和性质均一时，土样的结构可代表土体的结构，这些土的变形破坏机理主要受土的微观结构或微结构的物理化学效应所控制。但是，对于某些具有裂隙的土层，更引人注意的是其中发育的各种成因的裂隙。对于多成因、多岩性、多层土的复杂土体，更重要的是研究由各种土层构成的土体的宏观结构。土体的宏观结构包括土层间和土体与岩体间的界面特征、产状和相互关系，垂直剖面上各种土层的组合形式和水平方向上的岩性岩相变化，单一土层的透水、含水特性及含水层、隔水层的空间分布和相互关系。

黏土裂隙是硬土的重要构造特征之一。在新构造运动强烈地区老黏土（Q_2及以前）中，有时可以发现构造裂隙或断层，这种裂隙的空间展布规律受到现代地应力场的控制。在我国的西安、兰州及西北、华北的黄土地层出现的以雁行排列展布的地裂缝可能是新构造运动和地下水过量开采而形成的，分布范围相当广泛。某些黏土体，特别是膨胀性黏土，在一定范围内，可见到延展数米到数十米的水平、缓倾或中等倾斜、互相交切的裂隙，主要是黏土吸水膨胀、失水收缩开裂和往复胀缩变形引起的，也可能有其他成因。裂隙土主要为第三纪上新世（N_2）至第四纪晚更新世（Q_3）期间堆积的黏性土，有海相、湖相、冲积、洪积、冰水沉积、残积－坡积等成因，多出露于阶地、垄岗、山前丘陵和盆地边缘。胀缩性黏土有很高的天然强度，但裂隙和水的作用将会使其强度大幅度地降低。很多学者认为，土体裂隙构造特征的研究值得重视。

1.3.2.4 软岩/硬土的工程特性研究

软岩/硬土的工程特性研究主要包括超固结性研究、裂隙性研究和膨胀性研究。

首先讨论超固结性研究，这本身是对土的一种研究。为了讨论应力历史对土压缩性的影响，人们通常把历史上曾经经受过的最大固结应力大于现有有效应力的土称为超固结土，前期固结应力 P_c 与现有有效应力 σ_c 之比称为超固结比，以 OCR 表示。OCR 愈大，该土所受到的超固结作用就愈强，在其他条件相同的情况下，其压缩性就愈低。超固结黏土表现为原位自重条件下，其对应的孔隙比小于正常固结黏土，压缩性也相对较低。有文献把超固结土的成因分成两个方面：一个是力学成因，包括上覆过较大的压力、地下水位下降后又上升、毛细压力作用、次固结等；另一个是物理化学成因，包括上部土层风化、干缩、化学胶结等。研究了不同成因超固结土的 $P_c \sim h$（上覆盖层厚度）、$(P_c \sim \sigma_c) \sim h$、$OCR \sim h$ 的关系，在此基础上提出了超固结成因的鉴别方法。从渐进破坏理论和滞后破坏理论入手，分析两种理论存在的问题，研究了超固结状态下土体的强度特性，提出了超固结裂隙黏土原位抗剪强度线及其凝聚力、内摩擦角的确定方法和相应的计算公式。

硬黏土（软岩/硬土）一般都具有超固结性，通过前人长期以来对超固结性的广泛研究，可以获得以下认识：①超固结硬黏土内部由于存在一个因前期固结压力而残留下来的初始水平应力值，在卸荷条件下，内应力释放，消弱硬黏土的强度。②硬黏土的超固结性还意味着硬黏土是强度应变软化材料，其残余强度远低于峰值强度。③超固结硬黏土在应力释放过程中还可能产生卸荷膨胀，并在风化应力的作用下造成土体结构破坏、强度降低。

人们在工程实践中还发现，某些黏土层尽管地质历史上从未发生过卸荷过程（即正常固结状态），却表现出固结屈服压力大于现有有效应力的超固结现象，称为“拟超固结”或“似超固结”。研究表明，这种似超固结现象是由于岩土在沉积过程中经受过次固结、化学胶结、干燥应力等的影响，因此产生了附加的结构强度，有文献称之为实效固化效应。这种似超固结作用在一定程度上与地质学中的成岩胶结作用是相关的或者是一致的。

软岩/硬土除了具有超固结性，还具有裂隙性。所谓裂隙性黏土，就是土中含有大量裂隙，可将土体切割成许多小块的黏土。在国内，对硬黏土（软岩/硬土）裂隙性的研究受到广大学者的关注，如20世纪70年代焦枝铁路建设对硬黏土研究中对裂隙性的高度重视，80年代末~90年代初刘祖德、王钊、孔德坊等对工程建设中与硬黏土（软岩/硬土）有关问题的多方面的研究。需要指出的是，当前国内对裂隙硬黏土的研究主要偏重于土力学和岩石力学方面，而忽视了与工程地质研究的结合，因此无法从本质上加以突破。国外一些学者将硬黏土的裂隙性上升到结构效应的高度，从工程地质、岩土力学综合的角度去认识它，从而能更好地指导工程实践。

同时，裂隙性的研究往往伴随着岩土体的一些其他特性的研究，如超固结性，有文献研究了超固结状态下裂隙硬黏土的抗剪强度特性。有文献系统地研究了裂隙参数对裂隙硬黏土无侧限抗压强度的影响，得出了裂隙硬黏土的单轴抗压强度取决于未破损部分的抗压强度及试样中裂隙的长度、数量、排列和黏土含水量的认识。

膨胀性也是硬黏土（软岩/硬土）的一个重要性质。20世纪40年代中期以来，随着各国工程建设的发展，膨胀土问题首先在工业发达国家开始了专门性的研究。从1959年在美国召开的第一届国际膨胀土会议开始，膨胀土问题作为一个世界性的土力学和工程问题得到了各国学术界和工程界的广泛关注。我国大规模的膨胀土研究始于20世纪70年代初，研究区域和研究部门遍布全国，膨胀土的研究成果超过了历史上任何时期，在理论和工程实践上取得了很大的进展。这一时期膨胀土的研究主要体现在以下几个方面：

（1）以建设部为主，包括空军后勤部、兵器工业部、航空航天工业部、冶金部、纺织部、化工部等在内均对膨胀土地基灾害进行了调查和研究。

（2）西南交通大学、铁道科学研究院等单位进行以膨胀土铁路边坡、路基为目标的研究。

（3）水利部长江流域规划办公室、长江科学院、合肥工业大学等所开展的膨胀土渠道边坡的研究。

（4）中国科学院地质研究所、中国科学院武汉岩土力学研究所、西安地质学院等开展了应用基础研究。

这一时期有关膨胀土的专著和研究报告涉及膨胀土的定义和分类、基本指标和微观特征、区域性膨胀土及其形成变化规律、膨胀土边坡稳定性评价及灾害防治和加固技术、膨胀土路堤和筑坝技术、膨胀土地基及其处理、土质改良的理论和方法、室内和现场试验研究的新技术和新方法等,这些研究成果都是我国膨胀土研究的宝贵财富。

膨胀土研究也主要表现在膨胀土的分类和膨胀机理的研究。

膨胀土分类研究的目的就是将膨胀土与其他非膨胀土区分开来,对膨胀势的高低给予评价,判别结果对于准确选定勘察、试验方法及确定合理的基础工程设计方案均具有重要的意义。目前,膨胀土的判别指标甚多,但总的说来大致可以分为两类:一类是反映土的天然状态,另一类是反映土的成分与亲水性。由于前一类指标测定方法受到较多的限制,而后一类指标以反映土粒的基本特性为主,扰动土样亦可测定及测定条件简便易行等优点而较多采用。

自由膨胀率在一定程度上反映了黏土矿物、黏粒含量和交换阳离子成分等基本特性,但从工程方面来讲却是个没有实际意义的指标,不少研究者发现,用自由膨胀率判别土的膨胀势也存在一定的不足。这主要是因为这种方法破坏了黏土的原生结构或结构联结,因此把曲永新等提出的利用泥质岩的不规则块状样品的干燥饱和吸水率指标进行膨胀势判别与自由膨胀率联合使用,判别的效果比较满意。

曲永新和中国建筑科学研究院地基所付景春等以有效蒙脱石含量来判别膨胀土与非膨胀土的界限值,分别为8% ~10% 、≥7% ,二者结果接近。有效蒙脱石含量临界指标表示在天然土中蒙脱石的含量低于界限值的条件下,蒙脱石对土的膨胀性不起控制作用,或者可称为非膨胀土;当大于此临界值时,随着蒙脱石含量的增加膨胀势增大。因此,可按天然土中有效蒙脱石含量进行土的膨胀势分级,<10% 为非膨胀土,10% ~15% 为弱膨胀土,15% ~20% 为中等膨胀土,>20% 为强膨胀土。

有文献将世界各国土质分类普遍采用的塑性图应用于膨胀土的判别。膨胀土可按在塑性图中的位置划分为强、中等、弱三个等级。而塑性指数和液限的测定是土工试验的常规指标,既能反映影响胀缩性能的物质成分,又能在一定程度上反映控制胀缩性能的渗透吸附结合水的发育程度。因此,与膨胀率试验相比,塑性图更为大众、规范、简便、易行。有文献在塑性图的基础上,将塑性指数 I_P、自由膨胀率 F_S 作为纵坐标,液限 ω_L、自由膨胀率 F_S 作为横坐标,建立 $I_P \cdot F_S - \omega_L \cdot F_S$ 分类图,克服了同一种图采用 F_S 和 I_P、ω_L 判别可能出现偏差过大的现象。

膨胀机理的研究主要体现在以下理论的提出:

（1）双电层理论。土微粒对极性水分子和水化阳离子有吸附作用，围绕土粒形成了由强结合水和弱结合水组成的水化膜，土中的黏土颗粒是通过各自的水化膜彼此连接起来的。由于膨胀土含有大量的黏土颗粒，含水量的增减将引起水化膜扩散层厚度的增大或减小，而水化膜厚度的变化必然导致体积的胀缩。这个理论只能解释土的一般膨胀现象，按照理论的理解，似乎黏粒含量高必然会膨胀，但事实上许多黏粒含量大的黏土膨胀性并不高。

（2）膨胀性黏土矿物晶格扩张理论。黏土膨胀可分为两类：一类是在水化吸附过程中由于溶剂化层扩展而造成的粒间膨胀，这类膨胀不会造成工程问题的发生，是黏土共有的特性；另一类为晶格膨胀，在水的作用下或潮湿环境中，水作为矿物组成或晶格的一部分进入矿物，造成矿物体积显著膨胀，从而导致工程问题的发生。蒙脱石因拥有巨大的内外比表面积和很高的阳离子交换量，因而与其他黏土矿物相比具有巨大的表面能和物理化学活性，表现出很强的亲水性，是导致膨胀土胀缩的物质基础，伊利石和高岭石仅属于一般性的亲水性矿物，不具有膨胀性的晶层结构。由此可见，蒙脱石的存在是膨胀性岩土胀缩反应的内因，蒙脱石含量越高，胀缩性就越强，这种观点为绝大多数研究者接受。

（3）吸力势理论。吸力势理论即负孔隙水压力理论，是非饱和土的基本理论之一。吸力势大小与饱和度密切相关，土的膨胀实际上是吸力势逐渐减弱的过程。该理论认为，水分的渗入和移动使土颗粒间吸力急剧下降，从而有利于斥力的作用，膨胀土的吸水膨胀主要是由于水分入渗使土粒间的毛细吸力下降而双电层斥力增大的结果，因而吸力势的测定是预测膨胀土工程问题的基础。

（4）综合理论。有文献认为，有关的膨胀性岩土胀缩的理论虽然分别在某一方面揭示了胀缩现象的机理，但未能全面地考虑影响胀缩性的各种因素，特别是未能从结构的概念上去考虑问题，故应将有关描述膨胀性岩土胀缩机理及其工程效应的各种理论予以综合，形成膨胀性岩土工程结构系统理论。

（5）其他理论或观点。其他理论或观点有膨胀潜势理论、胀缩路径与胀缩状态理论、湿度应力场理论、胀缩时间效应理论、结构连接与楔入作用理论等。

1.3.3　软岩/硬土力学性质研究

软岩/硬土是介于岩和土之间的岩土体，其裂隙的分布规律与岩石中裂隙或隐裂隙的分布规律十分相似，具有明显的方向性和各向异性特征，在单轴压缩试验中裂隙呈分支形扩展。因此，韩贝传等曾提出一个损伤力学模型描述裂隙型硬黏土的力学特性。应用弹塑性损伤总应变公式、广义正交法则和损伤传播定律得出裂隙型硬黏土的损伤本构方程，并把它应用于南水北调中线渠道边坡工程的数学模拟，将所得结果与采用不考虑裂隙影响的弹塑性本构模型模拟的结果进行分析比较，认为各向异性的损伤力学模型可以描述裂隙型硬黏土的力学性质，并且比较实用。它需要的参数少，避免了数学描述的复杂性。但本书认为，这样的研究，其基本参数的获取有很大的盲目性，从而在工程应用中实现是困难的。

由于硬黏土（软岩/硬土）的裂隙性，其单轴抗压强度必将受到裂隙的影响。有文献通过试验研究了裂隙的倾角、长度、数量及其排列方式对裂隙硬黏土单轴抗压强度的影响，认为硬黏土（软岩/硬土）中的裂隙的倾角对黏土的无侧限抗压强度有显著影响并存在一个临界倾斜角；试样中裂隙的长度也影响试样的无侧限抗压强度，裂隙短的试样，其无侧限抗压强度比裂隙长的试样要大；裂隙的数量对试样的无侧限抗压强度也有影响，具有两条裂隙的试样，其强度比具有一条裂隙的试样小；试样裂隙的排列方式对单轴抗压强度值有影响；有裂隙的试样在单轴压缩条件下，在裂隙周围未破损的材料中产生张应力。

岩土的力学性质取决于它的应力历史、应力状态和应力路径，有文献介绍和讨论了微裂隙硬黏土（软岩/硬土）中深基坑附近的有效应力的变化，也有文献总结了川西裂隙硬黏土的一些平板载荷试验成果，提出了裂隙土地基承载力的评价原则与方法，并对川西裂隙硬黏土的地基承载力的标准值及其相应的可靠度作出了评价。

1.3.4　工程问题中的软岩/硬土研究

工程地质研究的目的是更好地服务于工程建设，解决重大工程建设中的地质问题，因此与软岩/硬土有关的工程问题研究必然受到重视。多年来，国内外在这方面都做了大量的工程试验和研究工作。由于软岩/硬土的物质组成、土体结构及所处的地质环境和工程类型的差异，所研究的内容涉及方方面面，不同的工程类型研究的侧重点也不一样。

与软岩/硬土有关的工程问题主要涉及边坡稳定性问题、地下隧道开挖大变形问题及地基和深基础问题等。

1.3.4.1　与软岩/硬土有关的边坡工程问题和理论研究

软岩/硬土边坡类型主要包括天然斜坡、渠道边坡、铁路或公路路堑边坡、露天矿边坡、深基坑边坡等，天然斜坡的变形破坏在地质灾害中占有相当大的比例，人工开挖的软岩/硬土边坡不仅地质问题复杂，而且引起的灾害性问题也相当严重。国内外研究者针对软岩/硬土边坡稳定性和变形破坏机理进行了广泛的研究，主要有：①裂隙构造的结构效应分析；②超固结性及水平应力对边坡稳定性的影响；③环境因素变化对土体强度和变形的控制作用；④地下水对边坡的影响；⑤裂隙化硬黏土工程防护理论和技术研究理论。

一系列的边坡问题如1983年3月7日甘肃省东乡族自治县洒勒山南麓、巴谢河北岸发生的洒勒山高速大滑坡，20世纪80年代在双沟大桥西侧发生的大规模的滑坡，南水北调中线工程膨胀性硬黏土渠道边坡的变形问题，治淮工程中挖方渠道的变形破坏问题，太焦铁路沿线软岩/硬土的滑坡问题，小龙潭露天西北帮滑坡问题及深基坑边坡问题，都引起了广大研究者的注意，并对其滑坡、变形破坏机理进行了研究。

国内外研究者已经认识到膨胀土的强度及其在施工和运营过程中的变化对边坡稳定性起着控制作用，他们基于膨胀土边坡的变形破坏特点和机理分析，提出了不少与边坡稳定性分析或参数选取相关的理论或方法，如L. Bjerrum在1967年提出的渐进破坏理论，A. W. Bishopetal在1960年提出的滞后破坏理论，廖济川在1990年提出的膨胀软化理论及其他理论和方法。虽然这些理论和方法不纯粹是针对软岩/硬土提出的，但对软岩/硬土的边坡稳定性分析和评价有着重要的指导意义。

1.3.4.2 与软岩/硬土有关的地下隧道开挖大变形问题研究

在很多隧道施工工程中，都遇到过与上第三系地层（软岩/硬土）有关的工程问题。如1973年开工的日本北越锅立山隧道在施工过程中掌子面经常发生崩塌，这都是由围岩单轴抗压强度极低（0.2～0.3 MPa）、围岩膨胀压力明显、侧壁变形量大等引起的，因而严重地影响了施工的进度，增加了施工的难度。还有捷克共和国的布尔诺市中心的地下隧道及我国的北京西客站地铁站都遇到了上第三系地层（软岩/硬土），给工程带来了不利影响。

针对上面所遇到的问题，对其破坏机理的研究必不可少，以寻求解决这些问题的方法。软岩/硬土的工程特性和各区域的地质条件是制约工程稳定性的主要因素，但也不能忽略以下因素：地应力的作用、构造作用对岩土体的破坏、地下水的软化作用、工程施工工程中的活化作用（如干湿交替、机械扰动、开挖卸荷作用等）等。硬黏土（软岩/硬土）隧道开挖与支护应遵循及时支护、全面封闭支护、柔性支护和多次支护的原则。

1.3.4.3 与软岩/硬土有关的地基和深基础问题研究

软岩/硬土作为地基时，除要考虑地基的膨胀变形外，还要考虑其承载力的计算和获取。一般来说，软岩/硬土为正处于向岩石转化的过程，相对于土体具有较高的承载力。而要严格地确定地基承载力，则遇到了是按岩石的单轴抗压强度还是按土的试验来计算其承载力的问题。这就直接关系到工程的安全和经济问题。软岩/硬土深基坑开挖工程中会出现如硬黏土的风干脱水和浸水崩解破坏，基坑雨后到处是黏泥和泥浆的问题等。同时，其成功的变形特征研究在文献中还很少见。

1.4 目前存在的主要问题

由于软岩/硬土一般埋藏较深,而上覆第四系本身矿产资源缺乏,因此世界各国对上第三系软岩/硬土的有关沉积岩石学、工程地质学和岩土力学等理论方面的研究都没有重视,尚存在不少问题。例如:①不同学科之间的研究缺乏密切联系,经常出现相互脱节的现象。②作为介于岩石与土之间的过渡型岩土体,定名或判别分类尚未统一,存在工程性质与岩土定名不协调的现象;在取样、制样、试验设备及试验方法等方面缺乏实用技术和规范。③对以往国内外软岩/硬土的工程地质特性和力学特性很少有专门深入的研究,由试验方法入手进行强度与变形特性的有效研究更是没有。

1.5 研究思路

在标准的岩石和土工试验基础上主要通过研究尺寸效应、围压变化对岩土力学指标的影响和仿真载荷模拟试验进行系列试验方法研究。重点研究应力和位移边界条件对该类岩土的力学特性的影响,并对比规范法试验指标研究其相关性。从中找出一些规律,加深对这种特殊岩土的认识,探讨此类岩土的有效研究方法和手段,为关键技术参数的合理选取和设计提供帮助。

通过研究拟取得的主要预期研究成果如下:

(1)研究试件尺寸与强度关系(包括裂隙性的研究),以明确合理的室内试验尺寸。

(2)研究正应力与侧压力的关系及围压与强度的关系,讨论变形参数的应用条件及围压与盖重的关系。

(3)研究软岩/硬土力学特性指标表述及试验方法(仿真载荷试验方法)。

(4)讨论两种不同的软岩/硬土各自适用的试验条件,推荐试验方法。

(5)载荷仿真试验的有效性认识。

1.6 主要研究工作

研究工作主要包括确定研究计划、收集资料和专家咨询、确定研究大纲、试验方法研究、试验操作、成果分析整理、形成研究报告等阶段。重点是试验方法的研究,分两个步骤进行:

(1)研究尺寸效应对力学特性的影响。首先,进行无侧限不同试件尺寸效应研究。目前，规范规定岩石的抗压强度用饱和单轴抗压强度指标进行评价。但由于试件尺寸较小，岩块中的微裂隙等对其抗压强度的影响较大。以西霞院工程地基为例，对这种典型的特殊岩性，试件尺寸对抗压强度的影响有多大，如何认识尺寸影响，需通过不同尺寸试件试验进行对比分析研究，讨论本工程地基尺寸效应影响和力学试验的优势尺寸。结合现有设备，初步拟定的试件尺寸为：ϕ39.1 mm、ϕ50.0 mm、ϕ61.8 mm、ϕ101 mm、ϕ165 mm、ϕ300 mm，径高比均按1∶2考虑。其次，对应上述尺寸（大于ϕ101 mm除外），考虑人工可给定的不同围压作用，研究其强度特性。采用单样多级加荷三轴压缩试验（本方法适用于原状硬土或有不规则裂隙的土），每个试验至少考虑3个围压。

（2）进行仿真载荷试验模拟研究。采用一定手段和措施，尽可能模拟工程可能受力情况，开展仿真载荷模拟试验，是本次试验方法研究的基本原则。据此，试验应做到力求接近实际，且可对比、简化、操作性强。以往岩石的单轴抗压强度试验是在没有围压的条件下进行的，但实际岩体单元间存在围压，且随应力—应变关系的改变围压也在相应改变，因此需了解岩石在可能围压的边界条件下其抗压强度的变化规律。而以土工试验方法为例，则需考虑模拟现场土体所受的围压，突破规范，采用载荷仿真半无限体受局部荷载的受力状态，研究不同围压下的强度特性。半无限体尺寸采用500 mm×500 mm×500 mm。

（3）针对仿真载荷试验利用有限元数值分析进行条件研究和验证。采用有限元计算软件，以仿真载荷试验原型为基础建立有限元数值计算的模型，对影响试样变形的因素如几何模型的尺寸、加中心荷载所用的中心柱的尺寸、预加荷载即上覆荷载的大小、中心荷载的大小及试样的物理力学参数进行正交设计，然后分别计算各自试样的变形和应力，分析比较各因素对试样的变形和应力的影响规律，从理论上研究软岩/硬土在不同应力条件下的应力和变形特性，为仿真载荷试验工作的进一步开展提供理论基础并作为验证资料。

2 软岩/硬土的基本工程特性研究

2.1 概 述

随着工程建设规模和地域的不断扩大,以软岩/硬土为地基而进行的大规模重要工程建设在不断增加。如在绪论中所提到的,世界上许多国家都遇到过介于岩石和土之间的过渡性岩土体及其引起的工程问题。近年来,国内外学者对这种过渡型地层的研究虽然取得一些进展,但还不尽完善。目前,对这种似岩非岩、似土非土的地层还没有找到合适与完善的试验方法和评价标准。因此,本章以西霞院工程为例,从量值统一的条件出发,着重对软岩/硬土的工程地质条件及其物理化学特性采用规范规定的试验方法进行研究,以土工试验为主,对比一定的岩石试验。这里的物理化学特性试验包括物性分析、矿化分析和工程特性试验等。

2.2 研究工程的软岩/硬土分布与条件认识

黄河小浪底水利枢纽配套工程——西霞院工程,位于黄河干流中游河南省境内,上距小浪底工程 16 km,下距郑州市 145 km。作为小浪底的配套工程,其工程开发任务以反调节为主,结合发电,兼顾灌溉、供水等综合利用,是一大(2)型水利工程,电站地基岩土主要是软岩/硬土。

2.2.1 区域地质背景

西霞院工程库坝区位于华北地块南部的豫皖断块之上,在库区中部被近南北向的王良断层、连地断层分割为东西两个不同性质的次级地质构造单元。其东西两区的地形地貌、地层岩性、地质构造分布、水文地质条件均受到各自单元区的控制,有较大的差异。西霞院坝址区位于东区。

西霞院工程电站厂房地基主要为上第三系地层。该地层性质特殊,具有成岩时间短,强度低,相变大,岩、土性质并存等特点。在卸荷或开挖暴露后受赋存环境(特别是水环境)的影响,其工程地质性质易发生变化。该地层埋藏于深厚覆盖层(20 ~ 30 m)之下,且长期位于地下水位以下,在基坑开挖前无法进行现场试验，钻孔取样所取得的样品又不可避免地受到明显扰动而难以反映实际情况。这种过渡型岩土体的性质不同于典型的土和岩石，目前国内外对其研究十分有限，无论按现有的岩石试验规程还是土工试验规程都难以准确地表述这类岩土的物理力学特征，这类岩土就是本书研究的典型的软岩/硬土。

2.2.2 电站地基的软岩/硬土特征

坝址区的地层可分为第四系覆盖层和下伏的上第三系地层。本区上第三系地层属洛阳组河湖相地层，是电站厂房的主要地基。该层与第四系呈角度不整合接触。其顶面起伏不平，基坑揭露的顶面高程为 101.5 ~ 87.0 m。其岩性为砂、泥质岩土交互层，坝址两岸无天然露头，钻孔最大揭露厚度约 100 m。从基坑揭露的情况看，该地层有以下主要特点：

(1)岩、土性质并存。该地层成岩时间短，胶结程度差，岩、土性质并存，是介于岩与土之间的过渡型地层，是典型的软岩/硬土。

该地层在岩性上主要为无黏性的砂质地层和典型的泥质地层，是软岩/硬土的主要类型。其中，砂质地层的颗粒多数几乎没有胶结或连接很弱，呈散状，主要具有土的性质；但从施工开挖的情况看，该类地层有一定的结构强度，又具有岩石的一些性质，可以说似土非土。泥质地层一般有一定的胶结程度，存在微结构面和隐性裂隙，具有软岩的一些特性，在强度上极低而又具有土的性质，可以说似岩非岩。泥质软岩/硬土作为软岩/硬土的典型类型成为本书的主要研究对象，同时对微胶结的砂质软岩/硬土本书也进行了一些对比研究。

(2)岩性相变大。该类地层为河湖相地层，成因比较复杂，其岩性、强度及胶结程度等在垂向及水平方向相变都较大。

(3)岩土体强度差异性大。该类地层中的微胶结砂质地层与泥质地层本身就有一定的强度差异，同时地层中又含有其他岩类透镜体，带来了更大的强度差。

(4)产状不清晰。两种岩性常常分界位置不明显，也就是说，常常通过变性的透镜体过渡接触。

2.2.3 地基地层的分类概化

2.2.3.1 按岩性分类

由于该类地层的成因复杂，其岩性也很复杂，根据细粒（粉粒、黏粒）含量可将其概化为以下两大类岩性地层：

(1) Ⅰ类地层。总称为泥质地层，该类地层颗粒组成以粉粒、黏粒为主，成岩固结一般较好,呈坚硬状。由于受构造应力的作用,泥质地层中小的隐裂隙发育,一般呈闭合状,裂开为镜面,多有擦痕。本书研究的主要对象即是该泥质地层,称为泥质软岩/硬土,也就是本书研究的典型软岩/硬土。

(2)Ⅱ类地层。总称为砂质地层,该类地层颗粒组成以砂粒为主,局部夹砂卵石层、砾砂层,胶结程度各处不一,与颗粒的组成、级配及细粒(粉粒、黏粒)含量有关。一般情况是具有轻微胶结现象,局部基本没有胶结,呈散状,称为砂质软岩/硬土,也就是本书进行对比研究的另一类软岩/硬土。

2.2.3.2 按成岩作用分类

上第三系地层的成岩作用一般与颗粒的组成、级配有关。颗粒越细,颗粒级配越好,则成岩作用就越好。但如果黏粒含量高到一定程度,由于排水困难,固结十分缓慢,则成岩作用往往又发生改变,如少量较纯的黏土表现为硬塑或接近可塑黏土的性质。因此,本地基的上第三系地层除主体中典型的软岩/硬土外,还有少量地层可概化出以下两类地层,这两类地层的研究主要用于地基总体评价的补充,而非本书的主要研究内容。

(1)似土地层。包括未胶结的(含泥)中细砂层、砂卵石层、砾砂层、微胶结的(含泥)泥质细砂、粉砂及少量的成岩作用很差的呈可塑—硬塑状的泥质地层,成岩作用差,颗粒连接弱或没有连接,具有沉积层理,主要具有土的工程地质特性,其参数均可按土工试验方法获取。

(2)似岩地层。包括胶结较好的泥质粉砂岩、(粉砂质)黏土岩及钙质砂岩、砾岩等,成岩固结较好,隐裂隙较发育,主要具有岩石的工程地质特性,参数可按岩石试验方法获取。

主要岩性的两种软岩/硬土的性质则常常同时具有岩和土的一些特性,很难明确以哪种性质为主,从而成为本书的主要研究对象。

2.3 软岩/硬土基本物性指标与特征分析

本次研究对西霞院电站地基进行的物理性质试验讨论了土工试验和岩石试验规范之间的联系与区别,认为在物理性质试验要求上没有质的区别,因此确定以土工试验方法为主,主要对天然含水率、密度、颗粒分析和界限含水率等进行试验。试验方法分别是:含水率试验采用烘干法;密度试验采用环刀法;颗粒分析试验样品中的粗粒组采用筛分法,细粒组采用密度计法,粗细粒兼有的样品采用筛分、密度计联合分析法;界限含水率采用液限、塑限联合测定法。试验均按照《土工试验规程》(SL 237—1999)的要求进行。

2.3.1 天然含水率、密度、界限含水率试验成果分析

试验取样包括不扰动的方块样和钻孔样，方块样的含水率、干密度、孔隙比、界限含水率试验结果如表 2-1 所示（钻孔样的结果略），方块样与钻孔样各试验成果均值统计如表 2-2 所示。

表 2-1 软岩/硬土的含水率、干密度、孔隙比、界限含水率试验结果（方块样）

地层	指标类别	含水率（%）	干密度（g/cm^3）	孔隙比	孔隙率（%）	液性指数	液限（%）	塑限（%）	塑性指数
泥质软岩/硬土	组数	7							
	最小值	17.4	1.54	0.581	36.8	-0.37	35.7	22.1	13.6
	最大值	21.8	1.73	0.767	43.4	-0.02	48	27	22.4
	平均值	19.2	1.66	0.641	39	-0.26	44	24.5	19.4
砂质软岩/硬土	组数	9							
	最小值	12.2	1.54	0.459	31.4				
	最大值	22.6	1.84	0.745	42.7				
	平均值	17.6	1.66	0.624	38.2				

表 2-2 方块样与钻孔样物性试验成果均值统计

地层	样品类别	含水率（%）	干密度（g/cm^3）	孔隙比	孔隙率（%）	液性指数	液限（%）	塑限（%）	塑性指数
泥质软岩/硬土	方块样	19.2	1.66	0.641	39.0	-0.26	44.0	24.5	19.4
	钻孔样	20.5	1.66	0.641	39.6	-0.06	41.2	22.4	18.8
砂质软岩/硬土	方块样	17.6	1.66	0.624	38.2				
	钻孔样	19.1	1.68	0.606	37.3				

从表 2-1 和表 2-2 可以看出，与典型岩石对比，西霞院软岩/硬土的总体特点是含水率较高（12.2% ~22.6%）、干密度不高（1.54 ~ 1.84 g/cm^3）、孔隙比较大（0.459 ~ 0.767）、孔隙率高（31.4%~43.4%）。泥质软岩/硬土方块样与钻孔样试验成果，方块样含水率偏低，干密度基本一致，反映方块样在开挖后失去了部分水分，但钻进对该类地层的样品扰动不大。砂质软岩/硬土钻孔样与方块样试验成果略有差别，从钻孔岩心及方块样取样看，该类地层因轻微胶结，样品扰动不明显。

按照土的评价方法,从界限含水率试验成果看,泥质软岩/硬土一般属坚硬状;钻孔样的试验成果与方块样基本一致,只是液性指数稍低一点。

2.3.2 颗粒级配

颗粒级配不仅是岩土分类的基础,而且是决定其工程地质性质的重要因素。在对本地层的研究过程中,作了大量的颗分试验,其方块样和钻孔样试验成果统计见表 2-3。颗分试验分析发现:泥质软岩/硬土的粉粒含量最高,最高达 65.1%,黏粒含量平均为 21.9%,按土的分类属于低液限黏土;砂质软岩/硬土以细粒砂为主,砂粒含量较高,平均为 76.1%,粉粒含量平均为 11%。这与前述分析一致,在颗粒级配上属于易胶结级配。

表 2-3　西霞院上第三系地层颗分试验成果

地层	指标类别	颗粒组成(%)						
		砾粒	砂砾			粉粒		黏 粒
		颗粒大小(mm)						
		5 ~ 2	2 ~ 0.5	0.5 ~ 0.25	0.25 ~ 0.075	0.075 ~ 0.05	0.05 ~ 0.005	<0.005
泥质软岩/硬土	组数	16						
	最小值	0	0	0	0	1.5	37.2	8
	最大值	0	2.3	9.7	31	19.9	72.9	41.5
	平均值	0	0.2	2.2	10.7	8.6	54.7	23.7
砂质软岩/硬土	组数	30						
	最小值	0	0	0.7	23	1.2	2	2.9
	最大值	0	25	37	80	16.8	20.6	18.6
	平均值	0	5.4	16.3	54.5	5.4	8.5	9.9

2.4 矿物成分分析

泥质软岩/硬土的矿物一般以蒙脱石、伊利石和高岭石三大类膨胀性黏土矿物为主,它们是岩石经风化作用后的次生矿物,由不同的硅酸盐矿物经化学分解形成。泥质软岩/硬土的物理力学性质在很大程度上取决于这些矿物的含量及物理性质。不同地质时期形成的软岩/硬土经历的构造运动次数不同,成岩和压密作用有差异,因而膨胀性黏土矿物的含量也不相同。

另外,不同地区形成的软岩/硬土由于所处环境的影响,其中膨胀性黏土矿物的物理性质也是有差异的。

对于西霞院工程电站厂房地基的上第三系泥质软岩/硬土,主要对15组泥质软岩/硬土采用X射线衍射方法进行了矿物矿化半定量分析,其矿化分析成果见表2-4和表2-5。对21组泥质软岩/硬土样品进行化学分析,成果统计见表2-6。

表2-4 泥质软岩/硬土黏土矿物矿化分析成果

样品编号	主要矿物含量(%)		主要化学成分含量(%)		
	蒙脱石	伊利石	SiO_2	Al_2O_3	Fe_2O_3
FKY-1	28	25	53.44	17.18	6.60
FKY-2	35	15	50.25	14.53	5.35
FKY-3	35	25	53.72	16.25	6.46
FKY-4	35	20	58.47	12.95	4.23
FKY-5	35	18	58.40	13.68	4.64
FKY-6	30	20	53.53	13.49	4.96
FKY-11	38	2	68.88	10.92	2.60
FKY-33	35	15	61.12	12.36	3.71
FKY-35	28	15	—	—	—
FKY-38	35	20	—	—	—
FKY-41-1	37	25	—	—	—
FKY-42-1	35	20	—	—	—
JQ1-1	28	22	—	—	—
JQ1-2	30	15	—	—	—
JQ1-3	30	22	—	—	—

表2-5 泥质软岩/硬土黏土矿物组成及含量 (单位:%)

指标类别	蒙脱石	伊利石	高岭石	石英	长石	方解石
最小值	28	2	7	10	5	5
最大值	38	25	15	20	30	20
平均值	33	19	11	17	11	10

表 2-6 泥质软岩/硬土化学分析成果统计

指标类别	pH 值	有机质(%)	易溶盐(%)	SiO_2(%)	Al_2O_3(%)	Fe_2O_3(%)
最小值	8.76	0.03	0.02	45.34	7.14	2.60
最大值	9.24	0.13	0.09	68.88	18.38	7.66
平均值	8.94	0.09	0.04	54.15	14.32	5.45

从表 2-5 中可以看出,这里的泥质软岩/硬土组成以黏土矿物为主,矿物成分以蒙脱石为主,其含量达 28%~38%,平均值高达 33%,蒙脱石、伊利石和高岭石三者含量总和的平均值占整个矿物组成的 63%。由此可见,西霞院工程电站厂房地基的泥质软岩/硬土具有较强的亲水性,这与基坑开挖过程中表现出吸水膨胀和失水收缩的工程性质相吻合。从表 2-6 中可以看出,泥质软岩/硬土样品的 pH 值平均为 8.94,呈弱碱性;有机质平均含量为0.09%;易溶盐含量为 0.02%~0.09%;黏土的化学成分以 SiO_2、Al_2O_3、Fe_2O_3 为主。由此可见,地基中以不可溶的硅酸盐为主,可溶盐的含量极其微小,不会在渗透水的作用下产生严重溶解,所以盐类的存在对其工程性质无重大影响。

2.5 软岩/硬土的含水率、亲水性与膨胀性

2.5.1 含水率与亲水性

这里主要讨论泥质软岩/硬土的含水率和亲水性,通过对研究区内泥质软岩/硬土的含水量试验得出,平均含水率范围为 17.4%~21.8%。

亲水性指标(液限和塑性指数)与软岩/硬土的膨胀率有着密切的关系,亲水性指标越高,其膨胀率就越大。从前面方块样物性试验成果统计得知,泥质软岩/硬土的平均液限为 44.0%,平均塑性指数为 19.4。

从以上的含水率与亲水性指标可以看出,研究区泥质软岩/硬土与第四系松散土体的同类指标是比较接近的。

2.5.2 膨胀性

对于膨胀性岩土的膨胀性评价,国内一般采用粉末样的自由膨胀率进行判别,国外大多使用威廉姆判别法。自由膨胀率在一定程度上反映了黏土矿物、颗粒成分和交换阳离子成分等基本特征,结果与威廉姆法相比稍微偏低。曲永新

提出了泥质岩不规则块状样品的干燥饱和吸水率指标进行泥质膨胀岩的判别测试。研究时，可以同时采用岩、土两种方法进行判别，对结果进行验证和补充。本次采用塑性指数 I_P、自由膨胀率 F_S 和有效蒙脱石含量三指标对软岩/硬土的膨胀性进行判别(见表2-7)。

表2-7　软岩/硬土的膨胀势判断标准

指标类型	膨胀势级别			
	弱	中	强	剧
塑性指数 I_P(%)	<17	$17 \leqslant I_P < 23$	$23 \leqslant I_P < 33$	≥33
自由膨胀率 F_s(%)	<40	$40 \leqslant F_S < 60$	$60 \leqslant F_S < 85$	≥85
有效蒙脱石含量 M(%)	<12	$12 \leqslant M < 22$	$22 \leqslant M < 30$	≥30

膨胀试验分自由膨胀率、膨胀率和膨胀力试验。自由膨胀率是指以人工制备的松散的、干燥的试样，在纯水中膨胀稳定后体积增量和原体积之比，主要是为了测得软岩/硬土在无结构情况下的膨胀潜势，初步评定其膨胀特性。膨胀率是指试样在有侧限条件件下膨胀的增量与初始高度的比值。膨胀力是岩土体吸水膨胀时产生的内应力，这几种试验岩石方法和土工方法是没有矛盾的。

从已有资料对比表2-7可以看出，土的塑性指数平均为19.4%，自由膨胀率平均为40%～80%，有效蒙脱石含量为28%～38%。综合分析可得，西霞院泥质软岩/硬土具有中等膨胀潜势。膨胀力与含水率、膨胀率的关系如图2-1、图2-2所示，从图中可以看出，上第三系软岩/硬土的膨胀力随含水率的增大而减小；膨胀力与膨胀率呈近似线性关系，可表示为 $y = 10.2x + 3.29$。

本次研究的膨胀试验成果见表2-8，膨胀力与含水率、膨胀率的关系如图2-1、图2-2所示。从图2-1、图2-2及表2-8中可以看出，本区上第三系泥质软岩/硬土属膨胀岩土。膨胀力与膨胀率呈近似线性关系，随含水率的增大而减小，随干密度的增大而增大。

表2-8　西霞院上第三系地层膨胀试验成果

地层类别	自由膨胀率(%)	膨胀率(%)	膨胀力(kPa)
泥质软岩/硬土	40～85	0.6～4.9	0～183.3

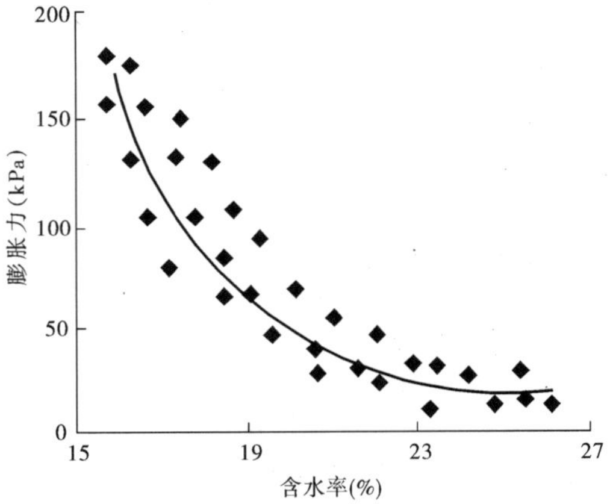

图 2-1　膨胀力与含水率关系曲线

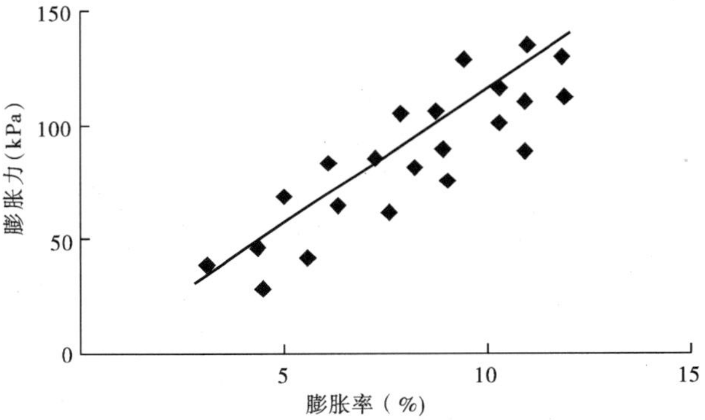

图 2-2　膨胀力与膨胀率关系曲线

2.6　软岩/硬土的单轴抗压强度及变形特征

2.6.1　基本试验结果

单轴抗压强度试验是岩土力学应用最广的试验,常用其结果进行强度分类。采用土工测试方法和岩石试验方法分别对泥质软岩/硬土试样进行试验,试验采用的设备分别为土工路面材料强度试验仪和岩石试验压力试验机。试样在自然状态下采用土工路面材料强度试验仪进行试验,单轴抗压强度为 0.40 ~ 1.41 MPa,平均值为 0.94 MPa;采用岩石试验压力试验机进行试验,其单轴抗压强度为 0.24 ~ 2.04 MPa,平均值为 0.83 MPa。采用土工方法得到的结果,其平均值略高于采用岩石方法得到的结果。这样的结果差别可能与不同标准的加载方法不同有关。

由于软岩/硬土对含水率非常敏感,同一种方法在不同状态下样品的单轴抗压强度有着明显的差别。采用岩石试验压力试验机进行试验,在干燥状态下其单轴抗压强度为1.43 ~8.45 MPa,平均值为3.51 MPa;在饱和状态下,其单轴抗压强度为0.23 ~2.56 MPa,平均值为1.02 MPa。干燥状态下的单轴抗压强度明显高于自然与饱和状态下的单轴抗压强度;样品在干、湿反复交替的作用下,出现裂解现象,力学强度显著降低,甚至不能进行试验。另外,还可以看到样品的各向异性和裂隙性对试验结果也有很大的影响。

这里的第三系泥质软岩/硬土和典型的硬黏土一样常常发育有节理、裂隙,其规模不一,密度和性质差异很大,因而其破坏特征也不一样。具有陡倾裂隙的样品常发生劈裂破坏,具有中缓倾裂隙的样品多为弱面破坏,相应地造成单轴抗压强度偏低。

对于泥质软岩硬土的变形特征采用了土工试验和岩石试验分别进行了研究,原状样试验成果汇总于表2-9。从土工试验的高压固结试验来看,$e \sim p$ 曲线在低压力段比较陡,相应的压缩模量也低。可以看到,泥质软岩/硬土的压缩模量E_{S1-2}、E_{S2-4}、E_{S4-6}平均值分别为17.47 MPa、33.16 MPa、52.93 MPa;而根据钻孔样进行的高压固结试验计算的压缩模量还要小一些。即使是再压缩模量E_{S1-2}、E_{S2-3}、E_{S3-4}、E_{S4-6}平均值也只有55.2 MPa、66.5 MPa、111.4 MPa、115.7 MPa。

本次还进行了11组室内土工弹性模量试验,试验成果表明泥质软岩/硬土的弹性模量平均值为152.0 MPa。其弹性模量较压缩模量明显增大,说明该类地层的变形以塑性变形为主,弹性变形较小。

表2-9　软岩/硬土变形特性试验成果

地层岩性	指标性质	土工高压固结试验			土工试验弹性模量(MPa)	岩石试验静变形模量(MPa)		岩石试验泊松比	
		压缩模量 E_{S1-2} (MPa)	压缩模量 E_{S2-4} (MPa)	压缩模量 E_{S4-6} (MPa)		自然	饱和	自然	饱和
泥质软岩/硬土	试验组数	7	7	7	2	8	8	8	8
	最小值	11.43	18.86	33.75	144.3	130	100	0.10	0.06
	最大值	23.25	52.72	78.53	159.7	940	930	0.41	0.37
	平均值	17.47	33.16	52.93	152.0	450	510	0.24	0.23
砂质软岩/硬土	试验组数	9	9	9	2				
	最小值	8.63	16.60	27.89	84.7				
	最大值	29.16	48.32	75.17	103.0				
	平均值	16.42	27.30	43.73	93.9				

从岩石试验方法所得结果看，本次试验的8组泥质软岩/硬土变形模量平均值为450 MPa。

一般来说，弹性模量大于变形模量，而通过不同的试验方法所获取的结果，却显示了不同的规律，岩石试验方法所得到的结果远大于土工试验方法得到的结果，按压缩模量对比，岩石试验方法获得的模量相当于土工试验结果的9～30倍，不同试验方法得到的结果差别如此之大，这本是不应该的，岩土标准力学试验方法上的主要区别在于边界条件的控制和试验控制方式的不一致，由此说明至少一种试验方法不适合这种特殊岩土，甚至两种试验方法都不适合这种特殊岩土，从而提出了本次需要研究的主要方向。

2.6.2 弹性模量与变形模量标准试验方法对比研究

在岩石试验规范和土工试验规范中，对弹性模量和变形模量的试验有不同的要求，其物理意义也有所不同，换句话说，就是典型岩石和典型土的试验方法分别考虑了各自的特点，室内试验中的假定忽略了不同的影响因素。更有甚者，在土工试验规范中还专门给出了全侧限条件下的纯粹一维压缩模量，用于计算地基的压缩变形之用。对于软岩/硬土来说，其弹性模量和变形模量的确定是地基评价的基础，然而用不同的试验方法获得的结果是不一致的，这会直接影响到地基变形研究结果的正确性，甚至给地基的使用带来极大的安全隐患。这也可以从前述的研究资料中看到，同时是本课题研究的主要立项原因之一。

为了研究和确定软岩/硬土变形参数的试验方法，有必要对土工和岩石规范规定的试验方法进行对比研究，找出它们之间的区别并进行合理性讨论。

首先，讨论《土工试验规程》(SL 237—1999)对土的这两大指标的规定试验方法，标准中规定土的弹性模量采用三轴试验仪，在有围压的条件下进行的试验，弹性模量的计算公式如下：

$$E = (\sum \Delta P/A_0)/(\sum \Delta h/h_c) \times 10 \tag{2-1}$$

式中：E为试样的弹性模量，kPa；ΔP为每级轴向荷载，N；$\sum \Delta h$为相应于总压力下的弹性变形，mm；A_0为试样初始面积，cm^2；h_c为试样固结后高度，mm；10为单位换算系数。

从式(2-1)可以看出，公式中没有考虑围压对变形的影响。

《土工试验规程》(SL 237—1999)中对土的变形参数则研究的是土体积变形模量，这样的模量定义与工程实际应用变形模量无法对比，只能作为参考。

再来看《水利水电工程岩石试验规程》(SL 264—2001)对岩石的两大变形指标试验方法所作的规定，规程规定弹性模量和变形模量均采用单轴压缩试验进行，利用这样的典型无围压条件下的应力—应变关系进行变形指标的计算，公式如下：

$$E_e = (\sigma_b - \sigma_a)/(\varepsilon_{hb} - \varepsilon_{ha}) \tag{2-2}$$

$$E_{50} = \sigma_{50}/\varepsilon_{h50} \tag{2-3}$$

式中：E_e 为岩石弹性模量，MPa；σ_a 为应力与纵向应变关系曲线上直线段起始点的应力值，MPa；σ_b 为应力与纵向应变关系曲线上直线段终点的应力值，MPa；ε_{ha}为应力为 σ_a 时的纵向应变值；ε_{hb}为应力为 σ_b 时的纵向应变值；E_{50}为岩石变形模量，即割线模量，MPa；σ_{50}为抗压强度 50% 时的应力值，MPa；ε_{h50}为应力为σ_{50}时的纵向应变值。

两种试验标准对岩土的变形指标规定的试验方法的主要区别在于是否是在围压条件下进行试验，土的试验围压标准要求不够明确，实际上也很难与工程条件一致，也就是说，这两种试验与实际工程条件都不完全相符。同时，两种标准试验方法在控制条件上也有很大区别，土工试验以变形进行控制，而岩石试验则以荷载进行控制。这对于典型岩石和典型土来说也许是合适的，但对于软岩/硬土来说，哪一个试验方法是合适的，是符合工程实际的，很难下结论，分别采用两种标准不同的试验方法进行了对比试验，其结果也相差较大。这可以说明，至少有一种试验方法对软岩/硬土是不适用的，甚至两种方法都是不合适的。

当然，试验的另一个主要变形指标也是存在因试验方法而导致的不一致问题的，这个指标就是常用的变形计算指标泊松比。当然，如果将典型岩土变形试验曲线进行分析的话也会发现，这三个变形参数均具有明显的分段性。图 2-3 是一条典型的岩土应力—应变曲线，曲线可明确分为四段：*OA* 段为试件压密阶段，孔隙或微裂隙压密，体积缩小；*AB* 段为弹性变形阶段，岩土呈弹性变形性质，这两个阶段岩土结构和性质无大的改变，残余变形不大；*BC* 段属于塑性强化阶段，本阶段岩土变形属不可逆的塑性变形，出现较大的残余变形，*C* 点为加载的峰值点；*CD* 段为岩土的不稳定阶段，亦称应变软化阶段，承载能力随变形的增大而减小，岩土强度从峰值强度下降为残余强度，形成更大的永久变形。可以看到，工程应用时，最大荷载也是不应达到或超过峰值强度的，甚至很多设计要求都提出地基应力不应达到或超过屈服强度，也就是 *B* 点强度。

无论按照哪种说法进行讨论都会发现，岩土试验应力—应变的前三个阶段模量都是不一样的，换句话说，弹性模量按弹性阶段使用还情有可原，但岩土的变形模量采用不同变形点的割线模量，其结果是不一致的，规范按照 50 割线强制要求是难以满足实际工程需要或难以符合实际工程情况的。一般来说，岩土越软，弹性段 *AB* 越短，但这个阶段都是存在的，这也导致了 *AB* 段对变形模量的

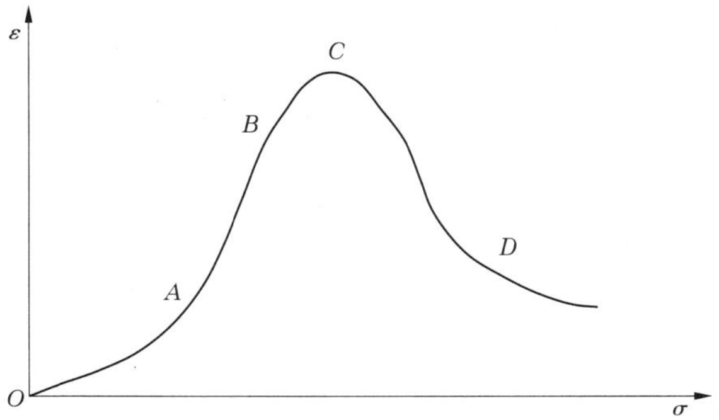

图 2-3　典型岩土应力—应变曲线

控制作用，AB 段越短，50 割线模量越小，反之亦然。当然，泊松比的规律也是类似的，压密阶段泊松比几乎为 0；弹性变形阶段的泊松比基本上相当于现行规范的规定值；塑性强化阶段的塑性变形段泊松比会明显增大；而不稳定阶段岩土软化后，泊松比会更大，且还会逐渐增加。这明确提示应该进一步研究这些变形参数的有效应用条件或称为有效应用区域，以进一步研究岩土的实际变形规律，对于软岩/硬土尤应重视。

2.6.3　变形参数的分段性及有效区域讨论

对于这些变形参数来说，既然分段性的认识已经明确，那么研究与工程荷载的关系，提出和讨论分段性原则与应用条件，明确屈服后数据的不适用性，尤其对于软岩/硬土是非常重要的。

从岩土的典型应力—应变曲线来看，在 OA 压密段接近 A 点之前，应力—应变曲线基本上是直线，理论上讲，在接近硬化点 A 之前也应该是直线，在这个近似的直线段，其模量关系显然也应该是直线关系，而不因荷载点的选择而改变模量，同时弹性模量与变形模量在理论上是一致的；AB 段是典型的直线段，在这一段，弹性模量是规律的，但变形模量由于要考虑总变形，或者说变形模量在这一段也是割线模量，所以不同荷载点的割线模量都是不一致的，岩石试验规范要求的破坏应力 50% 时对应的割线模量代表的变形模量只是这个曲线段的一个典型点位而已，随着应力的增减，客观上割线模量也在增减。换句话说，结合工程荷载进行研究的话，当工程荷载在这一段的应力范围时，不同的工程荷载必然对应着不同的割线模量。BC 段主要产生的是塑性变形，弹性模量的讨论已不具备典型意义，而变形模量仅在这一段曲线内也呈不规律变化，随应力的增加，割线模量呈迅速降低的趋势；C 点以后，是工程应用不能接受的，这里可以不作讨论。

泊松比的总体规律也可以这样分段进行研究，在 AB 段，轴向压缩已明显产生，但这样的压密过程，侧向变形还几乎没有，所以本段泊松比是很小的，当然可以将其近似看做是一常数；BC 段内，泊松比是规律的，也是常数，但规范研究的割线泊松比就有了变化，一般也主要是研究和应用这个常数泊松比；CD 段本身泊松比就是变化的，随应力的增加，本段泊松比在逐渐加大。

从以上分析看，对于软岩/硬土，由于工程应用时其岩土强度经常需要充分利用，也就是说岩土的应力—应变曲线段经常要被全部利用，这样变形参数分段研究的意义就更加明显了。当然，如果工程荷载能够不超过岩土的屈服荷载 B 点，这将是岩土工程技术人员和工程设计人员能够认识统一的，是完全可以达到共识的。当工程荷载超过屈服荷载 B 点而没有超过强度极限荷载 C 点时，尽管工程设计人员不愿意看到，不得已时他们也常常以容忍的态度接受。工程荷载超过强度极限荷载 C 点时，是工程不能接受的，也是大家都不能接受的。岩土变形参数的分段研究意义明确，且分段有效区域要与工程荷载相结合才具有工程意义，也可以这样描述，即在工程可能的最大荷载条件下的岩土应力—应变关系曲线规律才是需要研究的有效区域，在这样的有效区域内结合分段性进行研究，这样的变形参数的研究和应用才是符合工程实际的。

2.7 软岩/硬土地基的侧向变形特征研究

为了对软岩/硬土的变形规律进行研究，参考 K_0 试验的方法对两种软岩/硬土进行了初步研究，为了有针对性地进行这种特殊岩土试验，将规范规定的轴向应力上限由 400 kPa 提高到 3 200 kPa，荷载间距采用 100 ~ 200 kPa。由于砂质试件只能采用重塑样品，因此进行了单组试验，而泥质试件常常包含不均一现象，需要进行多组试验，本次试验共采用了 3 个位置分别采取的 7 组样品进行试验，试验结果见表 2-10。

为了更加直观地研究软岩/硬土的变形特征，将试验成果分别整理为图 2-4 和图 2-5。从成果图表可以看出，砂性软岩/硬土的有效轴向应力与有效侧向应力之间符合直线规律，而泥质软岩/硬土的轴向有效应力与侧向应力的关系却是明显的曲线关系，具有典型的分段性。由表 2-10 还可以看出，在 7 组泥质软岩/硬土试验中，有 5 组试验在第一级、第二级应力条件下，没有测到侧向应力，换句话说，泥质软岩/硬土只有在一定的轴向有效应力条件下才开始产生侧向应力，即样品表现出明显的侧向应力产生条件，或称为 K_0 侧向变形的起始应力，其中 FKY38 -3 样品的起始应力甚至达到 2 000 kPa。当然，严格来说，任何具有结构应力或经受过固结作用的样品都应该存在这样的起始应力条件，因此可以认

表 2-10　侧压力系数模拟试验成果

样品编号	1	FKY38 −2	FKY38 −3	FKY38 −4	FKY38 −1	FKY33 −1	FKY33 −2	2	
泥质软岩/硬土								砂质软岩/硬土	
σ_1(kPa)	σ_3(kPa)							σ_1(kPa)	σ_3(kPa)
100	5	0	0	0	5	0	0	100	32
200	7	0	0	0	7	0	0	200	70
400	11	1	0	0	12	0	0	400	148
600	16	2	0	0	18	0	0	600	230
800	25	5	0	0	25	0	1	800	306
1 000		11	0	0	33	0	3	1 000	
1 200	87	16	0	0	42	0	9	1 200	450
1 400		25	0	0	56	1	40	1 400	
1 600	234	42	0	1	69	84	66	1 600	582
1 800		72	0	4		169	109	1 800	
2 000		151	1	11	88	290	225	2 000	
2 200		280	4	100	164	414	326	2 200	
2 400		403	92	356	274	511	443	2 400	
2 600		501	293	489	398	649	536	2 600	
2 800		548	448	665		762	635	2 800	
3 000		716	611	707			651	3 000	
3 200	939	748	727	756			685	3 200	1 135
主直线段 K_0	0.43	0.45	0.67	0.67	0.52	0.55	0.43		0.35

为砂质软岩/硬土和重塑土的起始应力应该是小到了可以忽略的程度,从而不具备工程意义;泥质软岩/硬土具有较大的、不能忽略的、具有明显工程意义的侧向变形起始应力。这应该引起足够重视,与工程荷载条件下的岩土特征应用有直接关系,这也需要打破在传统意义上的固定侧压力系数及固定泊松比的概念,从而才能将研究合理、有效地应用于工程实际。从试件的物理意义来讲,起始应力的存在说明试件结构强度的客观存在。

当然,这样的结果也可以说明试件的弹性模量和变形模量也是应该具有分段性的,这种思路的确立对于岩土或地基的变形计算具有区别于传统概念的新的意义。

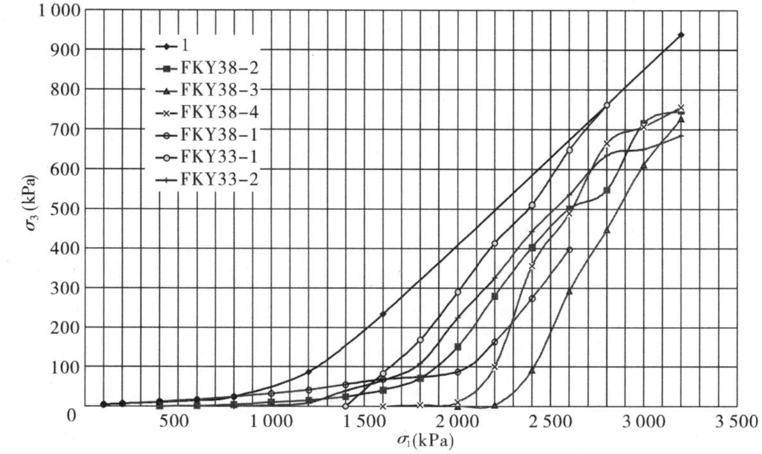

图 2-4　泥质软岩/硬土有效轴向应力与有效侧向应力关系曲线

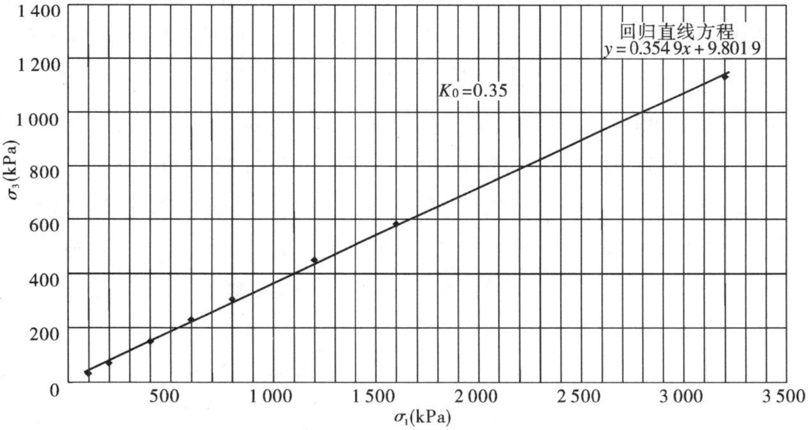

图 2-5　砂质软岩/硬土 K_0 试验有效主应力和侧压力关系曲线

2.8　软岩/硬土的界定及西霞院软岩/硬土的基本特征总结

软岩/硬土是软岩与硬土之间的过渡型岩土体，它们一般具有以下基本特征：

（1）蒙脱石含量高，物理化学活性强，含水率高，具有显著的干燥收缩和吸水膨胀特性。

(2)在天然状态(而不是干燥状态)下可以用切土刀制备土工试验的原状样品,在现场用铲镐可开挖。

(3)单轴或无侧限抗压强度一般为0.3 ~2.0 MPa。

(4)干密度一般为1.60 ~2.10 g/cm^3,液性指数接近或小于0,含水率大于或等于塑限。

(5)具有超固结性和裂隙性。

当然,这种描述主要适合这里研究的典型软岩/硬土——泥质软岩/硬土。

在以往的工程实践中,国内外已经积累了一些经验,但是对软岩/硬土的定义或概念没有统一的标准。根据以往国内外岩土分类的常用指标和界限,结合张永双、曲永新等总结的我国东部硬黏土(软岩/硬土)的基本特点,本书认为,典型软岩/硬土主要指单轴抗压强度为0.3 ~2 MPa的超固结裂隙性黏土质地质体,是正在向岩石转化的泥质沉积物,其中的不连续面可以是由构造作用形成的,也可以是泥质岩风化作用形成的,而无黏性的微胶结的砂可看做另一类非典型的软岩/硬土,在本书中也进行了一些对比研究。西霞院工程上第三系地层地基包括了这两种软岩/硬土,其中泥质软岩/硬土单轴抗压强度平均值为0.8 MPa左右,具有很强的超固结性,是典型软岩/硬土,也是本书研究的重点。

综合以上基本研究,对本区软岩/硬土的基本特征总结如下:

(1)该区软岩/硬土包括两大类型:一是以粉粒和黏粒为主的,含大量不规律隐裂隙的泥质软岩/硬土;另一种是以细砂颗粒为主的砂质软岩/硬土。

(2)两种软岩/硬土的物理性质指标与土更为接近,与典型岩石有明显差距。

(3)泥质软岩/硬土具有中等潜胀势的膨胀性和裂隙性。

(4)泥质软岩/硬土在变形参数上不同的标准试验方法获得的结果出现了较大的差距,与砂质软岩/硬土试验对比困难。

(5)泥质软岩/硬土结构强度明显高于砂质软岩/硬土,前者钻孔已无明显扰动,后者则留下了钻孔扰动的明显信息。

(6)软岩/硬土具有明显的结构强度。泥质软岩/硬土的K_0试验表明其具有较大的侧向变形起始应力。

(7)通过标准试验方法的对比,明确了岩石试验与土工试验在变形参数上主要存在围压利用和试验加载与变形控制两大因素的区别,这可能是导致变形参数结果差别较大的主要因素。

(8)通过对典型岩土应力—应变曲线的分析,明确了变形参数分段研究的必要性和工程应用的有效区域。

3　软岩/硬土的尺寸效应与围压影响研究

3.1　单轴抗压强度的尺寸效应

3.1.1　尺寸效应试验的基本设计和成果

室内试验的基本假定是所有的样品都是各向同性的，不考虑岩土体中构造的影响。然而，当从微观的角度去认识这些样品时，试件的大小与微（隐）构造的关系就非常密切了。在标准规定的尺寸范围内，单轴抗压强度究竟是否能够表征存在微（隐）裂隙的软岩/硬土的特征指标需要进一步研究，其研究意义不仅在于对裂隙性的影响认识，同时也可以帮助进一步认识和讨论这种典型软岩/硬土室内单轴抗压强度试件合理尺寸的选择。

我们曾经对无裂隙的两种不同强度配比的均质石膏人工试件进行了不同尺寸试件的单轴抗压试验对比研究，结果见表3-1。其结果表明，试件尺寸越大，试验结果越小。

表3-1　石膏材料不同尺寸强度对比试验结果

试件尺寸（cm）	抗压强度（MPa）			
	1	2	3	平均
$\phi5\times10$	9.99	8.55	9.02	9.19
$\phi7\times14$	8.71	8.06	7.80	8.18
$\phi9\times18$	9.70	7.55	7.28	8.17

K. B. Agarwal、K. mogi、Herberf、H. Einsein 等也都对人工和天然材料进行过小试件尺寸效应研究，研究的结果也同样显示试件尺寸越大，试验结果越小的规律。

然而，对于泥质软岩/硬土来说，由于微（隐）节理的发育，实际的尺寸效应和裂隙等影响因素的控制作用应区别研究。也就是说，尺寸效应的认识应结合这种特殊岩土的裂隙性进行统一分析，同时，由于本区泥质软岩/硬土中的裂隙多以隐性发育方式存在，具有不确定性和不规律性，而已有资料显示，大于10 cm直径的较大尺寸试件也还缺乏研究资料。对这些因素的思考，都成为本次研究中试验设计的基本前提。同时，对于砂质软岩/硬土的对比试验，由于没有裂隙的存在，故没有必要。

为了与不同围压条件下的试件强度进行对比，对泥质软岩/硬土选取了土工三轴试验中的三个典型试件尺寸：ϕ39.1 mm、ϕ61.8 mm、ϕ101 mm，并在此基础上增加了典型岩石试件尺寸 ϕ50 mm，土工三轴尺寸的同比例放大尺寸 ϕ165 mm 和已有设备的最大能力 ϕ300 mm 试件等进行多尺寸效应研究。按照岩石单轴抗压试验和土工无侧限抗压强度的要求，试件高径比均按 2∶1控制。为减少偶然因素的影响，每个尺寸的试验至少要进行 3 ~ 5 组，试验基本尺寸要求汇总见表 3-2。

表 3-2　试验基本尺寸要求汇总

设计试件尺寸(mm)	试验设计组数	成果组数	说明
ϕ39.1 × 78.2	5	3	典型土工三轴尺寸
ϕ50 × 100	5	4	典型岩石试件尺寸
ϕ61.8 × 123.6	5	3	典型土工三轴尺寸
ϕ101 × 202	5	3	典型土工三轴尺寸
ϕ165 × 330	5	4	三轴放大尺寸
ϕ300 × 600	5	5	最大试验能力

在试验方法上，讨论了岩石试验的单轴抗压强度试验和土工无侧限抗压强度试验在加载方法上的不一致，《水利水电工程岩石试验规程》(SL 264—2001)规定，加载按照分级加载的方式，加载速率按照 0.5 ~ 1.0 MPa/s 加载，这样的加载速率对于抗压强度只有 1 ~ 2 MPa 的软岩/硬土显然是不合适的；而土工无侧限抗压强度试验规定加载按照样品应变进行控制，而软岩/硬土样品具有典型的弹塑性特征，可能导致加载不规律和不均一的现象。讨论认为，原规范的两种加载方式都不完全适合软岩/硬土的单轴抗压强度试验。因此，根据软岩/硬土的基本特征，加载方式调整为按照预估强度的 1/5 分级加载，采用循环加载方式，加载按照每级荷载快速施加的方法进行，稳定时间按 1 min 控制，直至试验完成。

按照调整后的试验方法，完成了 6 种尺寸 22 组对比试验，试验结果汇总见表 3-3。试验结果的直方图和汇总结果与试件尺寸的关系如图 3-1、图 3-2 所示。

表 3-3　软岩/硬土尺寸效应试验结果汇总　　（单位：kPa）

样品编号	试件尺寸（mm）					
	ϕ39.1×78.2	ϕ50×100	ϕ61.8×123.6	ϕ101×202	ϕ165×330	ϕ300×600
1	575.0	796.9	893.8	713.2	402.4	40.1
2	1 004.8	870.7	1 100.5	727.9	451.1	58.0
3	1 039.2	876.6	1 243.2	1 310.3	596.2	188.6
4		1 534.7			862.4	303.7
5						531.1
最大值	1 039.2	1 534.7	1 243.2	1 310.3	862.4	531.1
最小值	575.0	796.9	893.8	713.2	402.4	40.1
平均值	1 022.0	848.1	1 079.2	720.6	578.0	224.3
算术平均值	873	1 019.8	1 079.2	916.8	578.0	224.3

注：平均值为舍弃异常值后的平均值。

从表 3-3 和图 3-1、图 3-2 的结果看，试验总体上并不完全服从大尺寸试样强度降低的规律，同时试件的尺寸似乎对强度的影响太大，甚至达到多倍，这也与对强度的一般认识不一致，这就需要进一步研究样品抗压强度的影响因素，从样品的破坏形式和破坏形态进一步研究样品微（隐）裂隙的控制作用和均一性影响。

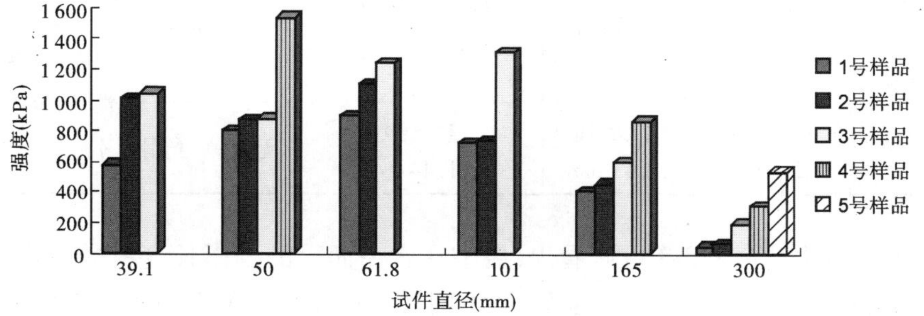

图 3-1　试验结果直方图

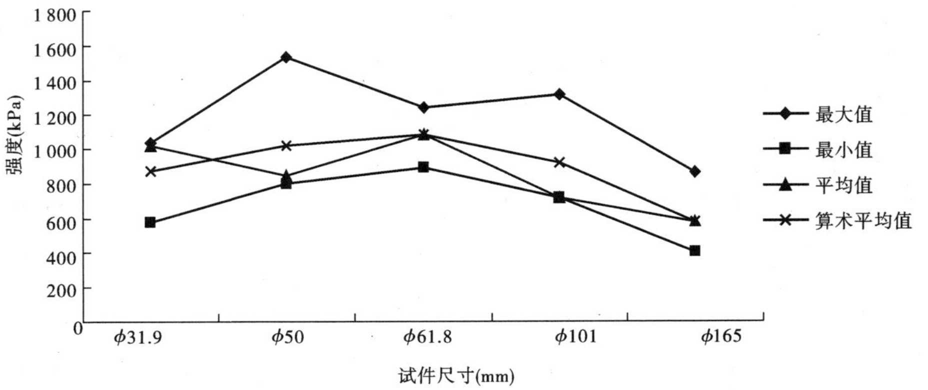

图 3-2　试件尺寸与强度的关系

3.1.2　裂隙长度和方向性影响的讨论

试验完成后，试图对各尺寸样品的破坏形式与破坏裂隙进行统计，以便进一步对裂隙性进行研究，对破坏后的样品裂隙状态、形状、裂隙方向、充填情况等的统计见表 3-4，并将典型照片附出（见图 3-3 ~ 图 3-5），以进一步分析样品的破坏强度与裂隙之间的联系和规律。

表 3-4　不同尺寸样品的破坏形式与裂隙性统计

样品尺寸（mm）	裂隙水平投影长度	裂隙与样品长轴夹角（°）	裂隙描述	样品破坏形态
ϕ39.1	1 号样品为 13 mm	31	无充填、光滑	有倾斜裂隙的样品均产生了剪切破坏，ϕ300 mm 样品有鼓胀破坏，其他样品均为脆性碎裂型破坏
ϕ50.0	1 号、2 号、3 号样品分别为 13 mm、16 mm、17mm	48、46、43	无充填、光滑	
ϕ61.8	1 号样品为 51 mm	38	全紧密充填	
ϕ101	1 号、2 号、3 号样品分别为 22 mm、91 mm、101mm	48、38 ~ 44，64	2 号样品裂隙紧密充填	
ϕ165	无明显破坏裂隙			
ϕ300	1 号、3 号、5 号样品分别为 212 mm、63 mm、243 mm	43 ~ 46、21、44 ~ 46	无充填、光滑	

从表 3-4 结合表 3-3 可以看出，裂隙在水平面上的投影长度占样品直径长度的比例越大，样品强度降低越多，但不同尺寸样品之间的对应关系不够明确；从裂隙发育角度看，符合岩石强度破坏准则的 $45° \pm \varphi/2$ 的规律，其他角度的裂隙影响相对较小。

图 3-3　样品剪切和碎裂型破坏形态典型照片

图 3-4　鼓胀型破坏样品典型照片

3.1.3　样品的裂隙性和尺寸效应认识及讨论

综合以上研究,对该区泥质软岩/硬土的裂隙性的研究形成如下认识:

(1)该区样品中的裂隙发育不规律,换句话说,样品中的裂隙是否存在、是什么性状是随机的。

(2)裂隙面的性状对样品强度有一定影响,表现在含光滑裂隙的样品强度比充填型裂隙样品强度更低。

(3)裂隙的长度和方向对样品的单轴抗压强度影响较大,有控制性作用。

图 3-5　剪切破坏样品典型照片

从不同尺寸样品强度规律曲线图 3-1 和图 3-2 看，总体强度上 ϕ61.8 mm 强度最大，这可能有两种原因：一是该组样品裂隙不发育，二是样品的裂隙是紧密充填的。由于室内单轴饱和抗压强度试验的基本假定是不受结构面控制的岩块理论或均质土理论，因此可将强度较大的样品尺寸界定为这类岩土的优势（应采用）尺寸，用于泥质软岩/硬土的室内强度研究。

在总体尺寸效应上，由于受样品的结构控制，虽然不完全服从尺寸越大试验结果越小的规律，但已有明显的这样的趋势。大尺寸的 ϕ165 mm 和 ϕ300 mm 样品的强度下降较多，且样品的变形在形式上出现了典型的塑性特征，部分样品形成了鼓胀破坏。这一现象说明，当样品足够大时，已经形成了完全岩土体的概念，其单轴抗压强度应该不能代表岩块试验结果。因此，这里的大尺寸样品的强度规律不完全适合进行尺寸效应的统一研究。

3.2　不同尺寸软岩/硬土样品围压与强度关系研究

3.2.1　尺寸选择、围压设置与试验方案

由于参数获取时，无论是采用室内试验还是现场试验甚至是原位测试，在力学参数的研究上按照规范方法都很难与实际工程受力条件一致，为了研究室内试验与工程实际之间的关系，进一步研究试验方法的合理性，考虑不同尺寸样品在不同围压条件下的强度规律，参考不同尺寸样品抗压强度的研究结果，开展了规范条件下两种典型尺寸的样品在不同围压条件下的强度规律研究。

水利标准的土工试验规程中规定，三轴试验标准尺寸分别为 ϕ39.1 mm、

ϕ61.8 mm 和 ϕ101 mm 三种尺寸；国标土工试验方法标准中规定，三轴试验标准尺寸分别为 ϕ39.1 mm 和 ϕ61.8 mm 两种尺寸。结合两种标准考虑，本次研究只考虑 ϕ39.1 mm 和 ϕ61.8 mm 两种典型尺寸。

关于围压的设置，最大围压主要考虑了可能最大的工程围压，并考虑了安全裕度作为控制性研究指标；最小围压的确定主要参考了《土工试验规程》(SL 237—1999)中三轴压缩试验的起始围压，并考虑成果的可对比性，确定为 50 kPa；中间围压原则上按近似等距和大应力等比的基本原则考虑，试验设计见表 3-5。

表 3-5　不同尺寸、不同围压试验设计汇总

设计试件尺寸(mm)	试验设计组数	围压设计(kPa)
ϕ39.1×78.2	3	50,150,250,400,600
ϕ61.8×123.6	3	50,150,250,400,550,600

在试验方法上，主要参考三轴压缩试验的方法，同时参考岩石单轴抗压强度试验的加载方法进行试验；在成果的整理和研究上，主要参考三轴压缩试验的整理方法中的压缩强度整理方法，并单独进行不同围压下的抗压强度的规律变化研究，以进一步研究围压对岩土的抗压强度的影响。

3.2.2　同尺寸样品不同围压条件下的变形与强度规律

首先讨论同尺寸条件下围压变化对强度造成的影响，试验结果见表 3-6。

表 3-6　泥质软岩/硬土不同尺寸、不同围压抗压强度试验结果

样品编号	试样尺寸(mm)	抗压强度 σ_3(kPa) 0	50	150	250	400	550	600
		σ_1(kPa)						
$N_3(N_1)$	ϕ39.1×78.2	575.0	889.0	886.0	1 150.0	1 294.0		1 572.0
		1 004.8	990.0	431.0	1 108.0	1 197.0		1 282.0
		1 039.2	502.0	605.0	876.0	1 244.0		1 256.0
	最小值	575.0	502.0	431.0	876.0	1 197.0		1 256.0
	最大值	1 039.2	990.0	886.0	1 150.0	1 294.0		1 572.0
	平均值	873.0	793.7	640.7	1 044.7	1 245.0		1 370.0
N_6	ϕ61.8×123.6	893.8	884.7	1 874.9	1 780.0	2 847.2		2 822.6
		1 100.5	1 487.6	1 958.2	2 743.4	3 950.2	3 212.1	
		1 243.2	1 481.1	2 127.7	2 354.3	2 490.6	2 646.8	
	最小值	893.8	884.7	1 874.9	1 780.0	2 490.6	2 646.8	2 822.6
	最大值	1 243.2	1 487.6	2 127.7	2 743.4	3 950.2	3 212.1	2 822.6
	平均值	1 079.2	1 284.5	1 986.9	2 292.6	3 096.0	2 929.5	2 822.6

从表3-6中可以看出，ϕ39.1 mm样品在总体规律上来说，150 kPa以下的围压不仅强度没有增高的现象，且有强度随围压增高反而有明显的降低趋势，这在一定程度上可以说明或认为，这时的一定围压对样品的结构已造成了一定程度的破坏，从而造成了样品强度的降低，当围压增大到250 kPa及以上时，样品强度提高明显，围压从150 kPa提高到250 kPa时，强度从640.7 kPa提高到了1 044.7 kPa，其增量是围压增量的4倍左右；围压从250 kPa提高到400 kPa时，强度从1 044.7 kPa提高到了1 245.0 kPa，其增量是围压增量的1.3倍左右；围压从400 kPa提高到600 kPa时，强度从1 245.0 kPa提高到了1 370.0 kPa，其增量是围压增量的0.6倍左右，强度增量在这一段呈逐渐减小的趋势。该尺寸样品强度与围压的关系呈"V"字形，见图3-6。

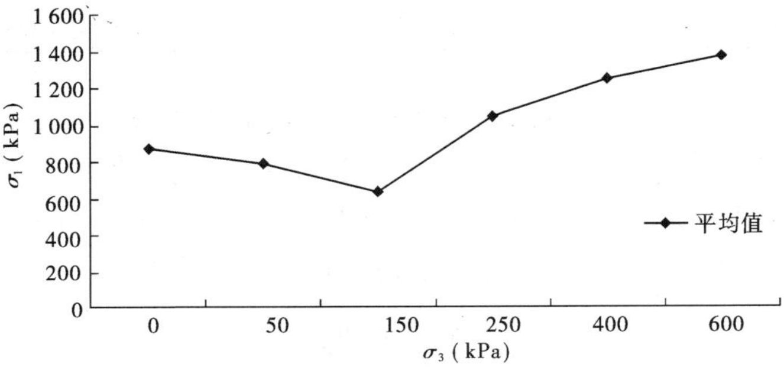

图3-6　ϕ39.1 mm样品强度与围压的关系

从ϕ61.8 mm样品的试验成果看，与ϕ39.1 mm样品的规律有所不同，表现在围压造成的强度弱化点出现在围压从400 kPa到550 kPa时，围压从550 kPa到600 kPa时，强度仍有所降低，而围压从0到400 kPa的样品强度呈快速增加状态，最大增幅出现在围压从250 kPa到400 kPa时，这时的强度增量是围压增量的5.36倍。这里可以认为，围压550 kPa以上时造成了样品结构一定程度上的破坏，影响了样品的强度，试验曲线总体呈倒"V"字形，见图3-7。

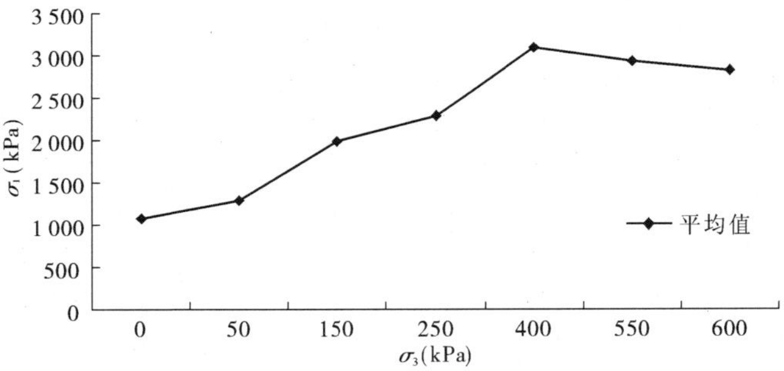

图3-7　ϕ61.8 mm样品强度与围压的关系

3.2.3 不同尺寸样品同围压条件下的变形与强度规律

针对两种典型尺寸样品的试验成果,整理出强度对比直方图,见图 3-8。

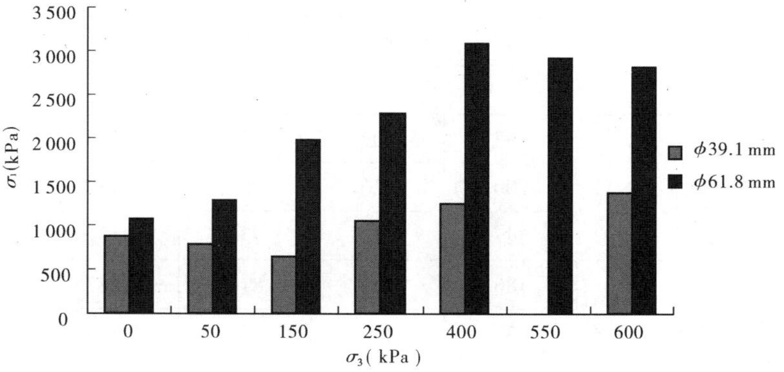

图 3-8　不同尺寸样品围压与强度对比图

从图 3-8 中可以看出,无论哪一个围压条件下,ϕ61.8 mm 样品的强度都明显大于 ϕ39.1 mm 的样品。如果按照均一性样品研究所获得的规律进行认识,这样的结果是不符合均一样品规律的,这给出了两个方面提示:一是如果样品是同一品质样品,这个试验结果就反映了节理裂隙发育方向与长度的典型影响;二是从另一个角度分析,应进一步研究两尺寸样品的代表性或品质差异,如果两组样品在自身上就差别很大,则这样的不同尺寸样品对比就不具备直接意义,而其强度与围压的关系就反映在同尺寸样品的规律上。

如果认为这两个尺寸的样品在基本强度上是有明显差别的,那么两组样品所显现的不同围压下的强度规律就非常值得思考了,这表现在不同强度样品是否具备典型规律的问题上,从总体规律上也许可以这样认为,但进一步分析实际试验成果,就会对这样的认识提出疑问,比如可以把两种尺寸相近强度样品的试验成果进行对比可以看出,ϕ39.1 mm 样品中的高强度样品与 ϕ61.8 mm 样品中的中等强度样品在强度上是相近的,但呈现的围压影响规律却是不一致的,甚至差别很大,总体上它们仍然服从各自样品的主要规律。这一点应该清楚地说明,这样的强度特征和变形规律不应是样品基本强度差异造成的,而应该明确认为是隐裂隙的控制作用即样品的结构性所形成的样品表现规律。这里再一次证实了 ϕ61.8 mm 样品强度受裂隙性影响较小、强度较好的事实。

对砂质软岩/硬土也进行了类似的对比试验,试验围压按照三轴压缩试验的标准围压设置,试验结果见表 3-7。

表 3-7　砂质软岩/硬土围压与强度关系试验结果

样品编号	试样尺寸（mm）	抗压强度 σ_3（kPa） 50	100	200	300	400
		σ_1（kPa）				
S_1	$\phi39.1\times78.2$	197	409	778	1 135	1 423
S_2		200	426	757	1 087	1 358
S_3		247	368	736	1 137	1 366
S_{6-1}	$\phi61.8\times123.6$	186	451	816	1 087	1 468
S_{6-2}		237	402	851	1 135	1 316
S_{6-3}		227	479	756	1 119	1 348

从表3-7 中可以看出，两种尺寸试验结果无明显差别，强度结果接近，强度规律均是随围压的增加强度明显增加，强度增加幅度为相应围压增加幅度的3 ~4 倍。

3.3　小　结

（1）尺寸效应主要反映在泥质软岩/硬土中，通过不同尺寸的单轴饱和抗压强度试验对比，试验总体上虽有规律性的总体趋势，但由于样品结构的影响，并不完全服从大尺寸试样强度降低的规律。

（2）泥质软岩/硬土中发育了微（隐）裂隙，这也是这类岩土的典型特征，样品强度受微（隐）裂隙发育所控制，裂隙的性状、方向和长度是主要控制性影响因素，样品中裂隙的非规律性影响和控制了不同尺寸样品强度的总体规律，由于室内单轴饱和抗压强度试验的基本假定是不受结构面控制的岩块理论或均质土理论，因此可将强度较大的样品尺寸界定为这类岩土的优势（应采用）尺寸，用于泥质软岩/硬土的单轴饱和抗压强度试验研究，这种隐裂隙的控制作用，在泥质软岩/硬土中表现是非常典型的。

（3）泥质软岩/硬土不同尺寸样品在不同围压下表现出了不同的强度规律，仍反映不规律的裂隙发育条件所起到的控制作用的影响。

（4）泥质软岩/硬土两种尺寸样品在同围压下强度差距较大，与无围压规律基本一致，可以成为认识优势尺寸的基本依据，这也是典型的样品结构影响。

（5）砂质软岩/硬土的尺寸效应与有围压强度规律基本服从均质土的变化规律。

4 软岩/硬土地基的变形与承载力补偿试验方法研究

4.1 模拟方法的基本要求

西霞院软岩/硬土中包含有砂质软岩/硬土和泥质软岩/硬土两大类，由于影响软岩/硬土力学特性的因素很多，为了分析软岩/硬土在不同应力工况条件下的应力和变形特性之间的规律，对这样的模拟试验研究方法提出如下要求：

(1)试验以应力模拟为基本要求，以岩土体变形规律和承载力研究为主要对象。

(2)以半无限体为试验基本假定，应力条件上尽量与可能的实际工程条件近似，考虑不同工况条件下的控制应力条件进行基本研究。

(3)为了进行规律性研究，除实际控制工况条件的研究外，试验应增加等距应力条件的补充研究，这相当于施工过程的分步研究。

(4)样品以原岩条件为研究条件，同时增加砂质软岩/硬土重塑样品的研究，对其力学特征进行对比，寻求砂质软岩/硬土样品结构应力的影响规律。

(5)围压的模拟以相似为基本前提，不要求原状条件相似，但要求变形特征相似。

(6)测试系统的精度应至少达到主荷载尺寸的1/1 000。

(7)试验方法的有效性应能够验证。

由于试验以载荷与应力为模拟的基本条件，因此称本次模拟试验方法的研究为室内载荷仿真试验。

4.2 试验影响因素分析

为了研究设计试验方法的主要影响因素，以泥质软岩/硬土为例进行主要影响因素的敏感性分析。分析方法采用三维有限元非线性模拟，研究内容主要包括以下几个方面：

(1)主荷载施加尺寸对结果影响的敏感性分析。

(2)样品模型尺寸的敏感性分析。

(3)样品约束边界的影响研究。

4.2.1 数值计算方法的选择及计算步骤

有限单元法是数值计算方法中发展较早、应用较为广泛的一种方法。电子计算机的应用使有限单元法在解决实际工程问题中发挥着越来越大的作用。利用有限单元法可以解决许多传统方法难以解决的实际问题。有限单元法是变分法的一种特殊的形式。其基本思想是把连续介质离散化为一系列相邻接的单元,每个单元内可以任意指定不同的力学状态,从而可以在一定程度上模拟地质体的实际情况。

本书计算采用的数值计算方法为三维非线性有限元分析方法,计算程序采用美国 John Swanson 编制的 ANSYS 有限元分析软件中结构静力分析方法,可以用来求解由外荷载引起的位移、应力和内力。ANSYS 计算程序在计算时将结构离散为块体单元,通过把数值问题用到相同的传统工程上来解决静力分析问题。在 ANSYS 程序中的静力分析控制方程为:

$$\{\mathbf{K}\}\{\mathbf{U}\} = \{\mathbf{F}\} \tag{4-1}$$

式中:$\{\mathbf{K}\}$为结构刚度矩阵;$\{\mathbf{U}\}$为位移向量;$\{\mathbf{F}\}$为力向量,包括集中力、面荷载、地震荷载、压力及体积荷载等。

在 ANSYS 软件中,当确定收敛准则时,以力为基础的收敛容限提供了收敛的绝对量度,而以位移为基础的收敛容限提供了收敛的相对量度,因此利用ANSYS软件进行有限元计算时一般使用以力为基础的收敛容限。其收敛准则为:若 $\|\{\mathbf{R}\}\| < (\varepsilon_R R_{ref})$,则求解收敛。表达式中,$\|\{\mathbf{R}\}\|$ 是残差的矢量范数,它的物理意义是回复力(对应于单元应力的荷载)和所加荷载的差值,ε_R 是容差因子,R_{ref}是参考力值(所有施加的力和反作用力的范数),即程序反复计算直到残差足够小时认为解收敛,继续计算下一个载荷,否则认为不收敛从而停止计算。

利用 ANSYS 进行有限元计算的步骤如下:

(1)建立有限元模型,划分节点和单元。

(2)施加荷载,进行计算。

(3)查找和输出结果。

4.2.2 数值计算模型的建立

4.2.2.1 几何模型的建立

计算模型拟采用以下几种几何模型:

(1)首先以现有仿真试验的几何模型尺寸 500 mm×500 mm×500 mm 加上

上面 50 mm 厚的缓冲层来建立,加中心荷载所用的中心圆柱采用直径 50 mm 的小圆柱体,其缓冲层用中砂来代替。

(2)为研究模型约束条件对计算结果的影响,在上述同样模型尺寸下采用去掉模型约束而改用刚性外壳的办法建立计算模型,比较两者计算结果的差异。

(3)为研究模型尺寸对计算结果的影响,采用:①上述模型长、宽、高各扩大 1.5 倍,即按 750 mm × 750 mm × 750 mm;②上述模型长、宽、高各扩大 2 倍,即按 1 000 mm × 1 000 mm × 1 000 mm 这两种办法来建立模型,分别与原计算模型比较计算结果的差异。

(4)在上述第一种计算模型的基础上,其他不变,改变加中心荷载所用的中心柱的尺寸,与原计算模型比较计算结果的差异。

4.2.2.2 数值模型网格划分及边界条件的选择

计算域网格剖分采用三维 10 节点实体单元 SOLID92,见图 4-1。

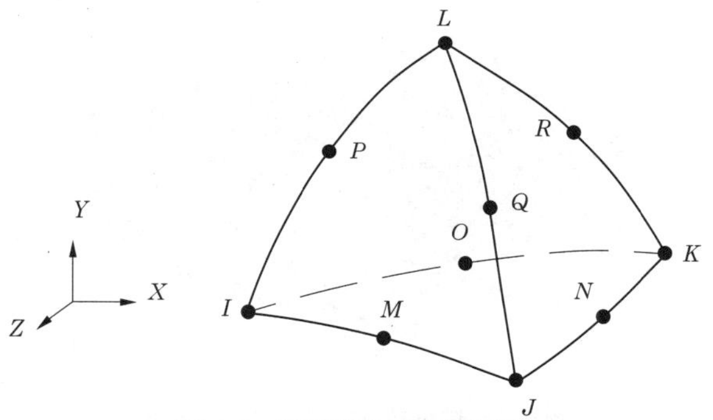

图 4-1 SOLID92 单元示意图

SOLID92 单元由 10 个节点定义,每个节点有三个自由度,在保证精度的同时,允许使用不规则的形状,此单元具有塑性、膨胀、大变形和大应变等功能。

边界条件:模型底部采用三向约束,四周侧面采用垂直于侧面的连杆约束。

4.2.2.3 数值模型本构关系的选择

计算模型采用 Drucker-Prager 模型。Drucker-Prager 模型的屈服函数表达式为:

$$F = \alpha I_1 + J_2^{1/2} - K = 0 \tag{4-2}$$

式中:I_1 为第 1 个应力不变量;J_2 为第 2 个偏应力不变量;α、K 分别为摩擦阻力与凝聚力。

由于 Drucker-Prager 准则为单值 2 次方程,有独立的 3 个应力不变量,在岩土工程力学弹塑性数值分析中被广泛采用,也是弹塑性材料模拟的典型模型之一,因此可作为本研究的选择模型。

4.2.2.4　数值计算步骤

数值计算分以下三个步骤：

(1)计算在不同预加荷载作用下试样的应力及变形分布。

(2)计算在保持预加荷载不变的情况下分级施加中心荷载,中心柱作用面下的试样的应力及变形分布。

(3)计算不同卸荷条件下的应力及变形。

4.2.2.5　数值计算结果整理方法

成果汇总了不同尺寸的模型、不同中心柱尺寸、不同预加荷载、不同中心荷载作用下的计算结果,计算结果以典型剖面的等值线的形式给出,计算切取剖面位置见图4-2。另外,给出了中心荷载作用面在中心荷载作用下的竖向应力和竖向位移的关系曲线即 $p \sim S$ 关系曲线,同时给出了不同荷载作用下的沉降变形曲线,以及在某一级荷载卸荷后的竖向应力和竖向位移关系曲线。

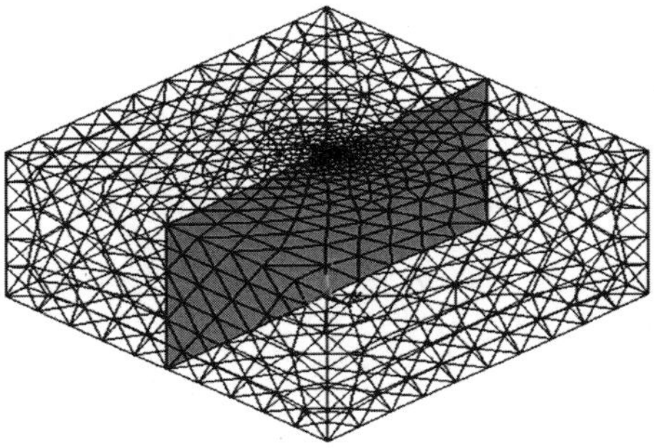

图4-2　过试样中心的剖面示意图

4.2.3　数值仿真试验的正交设计

正交设计是从为数众多的多因素(每个因素具有多水平)的试验点中,挑选出次数较少,但很有代表性的组合条件制成有规律排列的表格即正交表,利用正交表通过较少的试验来计算和分析试验的结果。

4.2.3.1　正交设计的影响因素分析

由上述数值模型的建立和边界条件可知,影响仿真试验有限元计算的因素主要有几何模型的尺寸、中心柱的尺寸、有无刚性约束、最大预加荷载、中心柱最大施加荷载等,它们都对计算结果有着直接的影响。本次利用正交表对这些因素进行正交设计的主要目的是分析这些因素中哪个因素是主要因素,哪个因素是次要因素,以及各因素对考核指标(应力和变形)的影响规律,这将对下一步进行仿真载荷试验有着很好的指导意义。

4.2.3.2 **数值模拟正交设计分析**

针对几何模型的尺寸、中心柱的尺寸、有无刚性约束、最大预加荷载、中心柱最大施加荷载进行正交计算。

在约定岩土计算参数的情况下，影响试样应力和变形的因素就剩下5个，其中除外壳约束条件这个因素为2水平外，其余四个因素为3水平，进行正交设计可以考虑两种方案，然后从中选择一个方案来进行正交设计：

(1)方案1。全面考虑5个因素，因素水平表见表4-1，对应的正交表见表4-2。由表4-2可以看出，根据所选用的L_{18}正交表需要进行的试验次数为18次，工作量较大。这里需要说明的是，表中的空列可以用来估计试验误差的大小。

表4-1　方案1因素水平

因素水平	E(外壳约束)	A(试件几何尺寸)(mm)	B(中心柱直径)(mm)	C(最大预加荷载)(kPa)	D(中心柱最大施加荷载)(kPa)
1	有刚性约束	500×500×500	30	0	1 200
2	无刚性约束	750×750×750	50	250	2 000
3	—	1 000×1 000×1 000	60	650	3 200

表4-2　方案1正交设计$L_{18}(2^1\times3^7)$

编号	外壳约束	试件几何尺寸(mm)	中心柱直径(mm)	最大预加荷载(kPa)	中心最大荷载(kPa)	空列	空列	空列
	1	2	3	4	5	6	7	8
1	1(有刚性约束)	1(500×500×500)	1(30)	1(0)	1(1 200)	1	1	1
2	1(有刚性约束)	1(500×500×500)	2(50)	2(250)	2(2 000)	2	2	2
3	1(有刚性约束)	1(500×500×500)	3(60)	3(650)	3(3 200)	3	3	3
4	1(有刚性约束)	2(750×750×750)	1(30)	1(0)	2(2 000)	2	3	3
5	1(有刚性约束)	2(750×750×750)	2(50)	2(250)	3(3 200)	3	1	1
6	1(有刚性约束)	2(750×750×750)	3(60)	3(650)	1(1 200)	1	2	2

续表 4-2

编号	外壳约束	试件几何尺寸(mm)	中心柱直径)(mm)	最大预加荷载(kPa)	中心最大荷载(kPa)	空列	空列	空列
	1	2	3	4	5	6	7	8
7	1(有刚性约束)	3(1 000×1 000×1 000)	1(30)	2(250)	1(1 200)	3	2	3
8	1(有刚性约束)	3(1 000×1 000×1 000)	2(50)	3(650)	2(2 000)	1	3	1
9	1(有刚性约束)	3(1 000×1 000×1 000)	3(60)	1(0)	3(3 200)	2	1	2
10	2(无刚性约束)	1(500×500×500)	1(30)	3(650)	3(3 200)	2	2	1
11	2(无刚性约束)	1(500×500×500)	2(50)	1(0)	1(1 200)	3	3	2
12	2(无刚性约束)	1(500×500×500)	3(60)	2(250)	2(2 000)	1	1	3
13	2(无刚性约束)	2(750×750×750)	1(30)	2(250)	3(3 200)	1	3	2
14	2(无刚性约束)	2(750×750×750)	2(50)	3(650)	1(1 200)	2	1	3
15	2(无刚性约束)	2(750×750×750)	3(60)	1(0)	2(2 000)	3	2	1
16	2(无刚性约束)	3(1 000×1 000×1 000)	1(30)	3(650)	2(2 000)	3	1	2
17	2(无刚性约束)	3(1 000×1 000×1 000)	2(50)	1(0)	3(3 200)	1	2	3
18	2(无刚性约束)	3(1 000×1 000×1 000)	3(60)	2(250)	1(1 200)	2	3	1

(2)方案 2。先把因素 E(外壳约束)去掉,而只考虑剩下 4 个因素(见表 4-3),而因素 E 假定为表 4-1 中的一种约束条件,对应的正交表见表 4-4。由表 4-4 可以看出,试验次数为 9 次,工作量明显减小。因此,本次正交设计拟采用方案 2。通过正交设计,通过对参与正交设计的 4 个因素的分析和比较,从各因素的各水平中各拟定一代表水平或推荐方案,组成一个组合条件,再改变外壳

约束条件,分析比较两种约束条件对计算结果的影响。

表 4-3　方案 2 因素水平

因素水平	A(试件几何尺寸)(mm)	B(中心柱直径)(mm)	C(最大预加荷载)(kPa)	D(中心柱最大荷载)(kPa)
1	500 × 500 × 500	30	0	1 200
2	750 × 750 × 750	50	250	2 000
3	1 000 × 1 000 × 1 000	60	650	3 200

表 4-4　方案 2 正交设计 $L_9(3^4)$

编号	1(试件几何尺寸)(mm)	2(中心柱直径)(mm)	3(最大预加荷载)(kPa)	4(中心柱最大荷载)(kPa)
1	1(500 × 500 × 500)	1(30)	1(0)	1(1 200)
2	1(500 × 500 × 500)	2(50)	2(250)	2(2 000)
3	1(500 × 500 × 500)	3(60)	3(650)	3(3 200)
4	2(750 × 750 × 750)	1(30)	2(250)	3(3 200)
5	2(750 × 750 × 750)	2(50)	3(650)	1(1 200)
6	2(750 × 750 × 750)	3(60)	1(0)	2(2 000)
7	3(1 000 × 1 000 × 1 000)	1(30)	3(650)	2(2 000)
8	3(1 000 × 1 000 × 1 000)	2(50)	1(0)	3(3 200)
9	3(1 000 × 1 000 × 1 000)	3(60)	2(250)	1(1 200)

4.2.4　数值模拟边界条件的分析

为了讨论试样在中心加荷情况下的边界条件问题,现在不考虑缓冲层,不加预加荷载,直接在试样中心直径 50 mm 的小圆面上施加 1 500 kPa 的荷载,以 500 mm × 500 mm × 500 mm 的尺寸建立几何模型,计算时除试样底面加全约束外,试样侧面按照不加任何约束、加刚壳约束、加固定垂直单向约束等三种约束方式进行建模计算。试样材料暂按泥质软岩/硬土考虑,试样、盖重层(中砂)及作为刚性外壳用的刚体材料的计算参数见表 4-5。

表 4-5　岩土材料参数

材料	弹性模量(MPa)	泊松比	天然密度(g/cm^3)	凝聚力(kPa)	内摩擦角(°)
泥质软岩/硬土	120	0.27	2.01	70	18.0(摩擦)
中砂	100	0.3	1.95	0	30.0
刚体材料	2.0×10^5	0.2			

4.2.4.1　**试样侧面无任何约束**

建立的几何模型和有限元模型分别见图 4-3 及图 4-4。

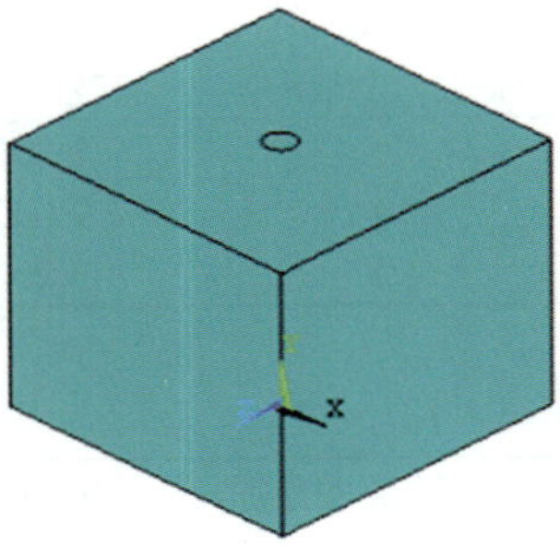

图 4-3　几何模型

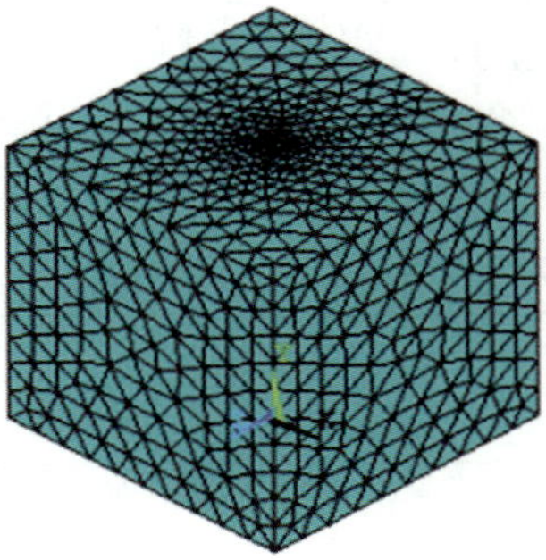

图 4-4　有限元模型

1）各级荷载下的竖向应力和竖向位移

该模型计算最大收敛荷载为 1 200 kPa，为了分析比较各级荷载下的竖向应力和位移，现分别作出 300 kPa、600 kPa、900 kPa、1 200 kPa 荷载下的竖向位移的等值线图，如图 4-5 ~ 图 4-8 所示，竖向应力的等值线图如图 4-9 ~ 图 4-12 所示。

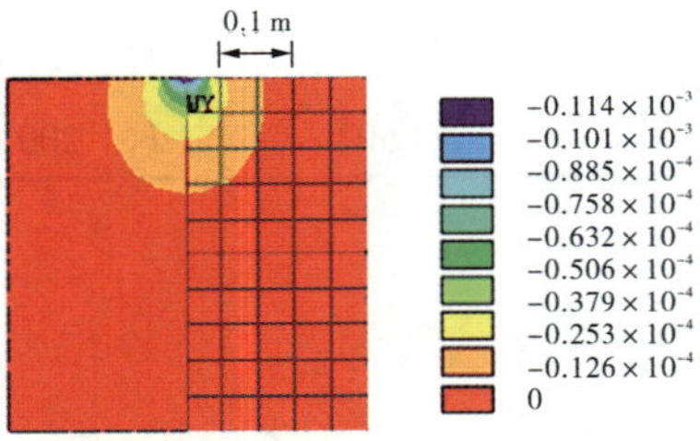

图 4-5　300 kPa 荷载下剖面竖向位移等值线　（单位：m）

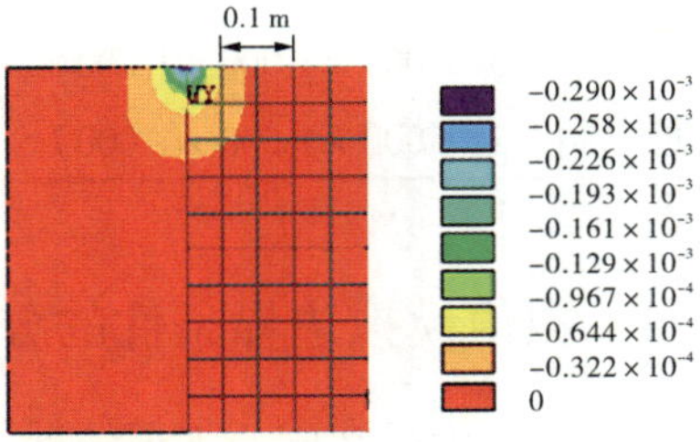

图 4-6　600 kPa 荷载下剖面竖向位移等值线　（单位：m）

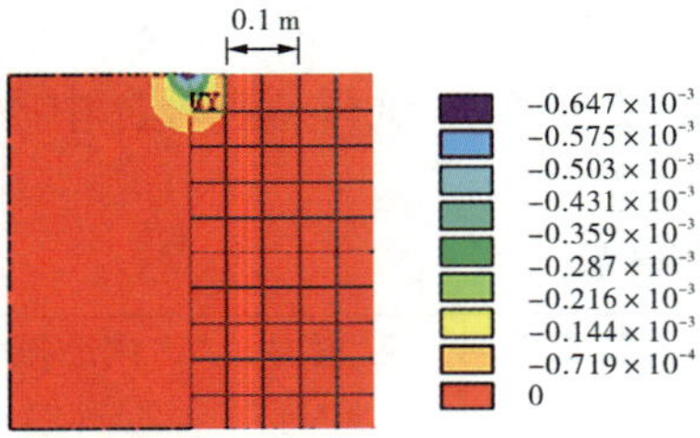

图 4-7　900 kPa 荷载下剖面竖向位移等值线　（单位：m）

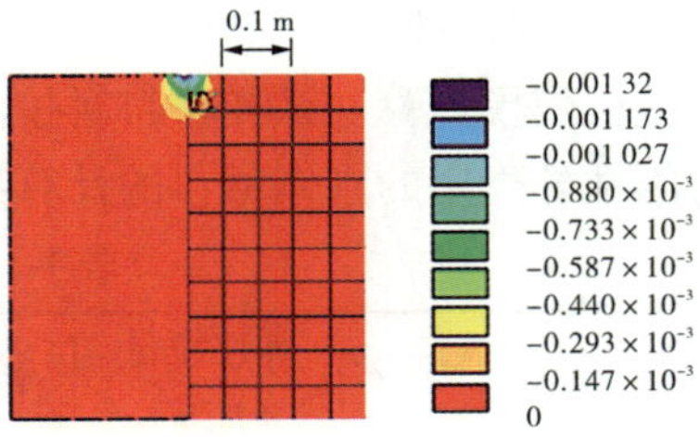

图 4-8　1 200 kPa 荷载下剖面竖向位移等值线　（单位：m）

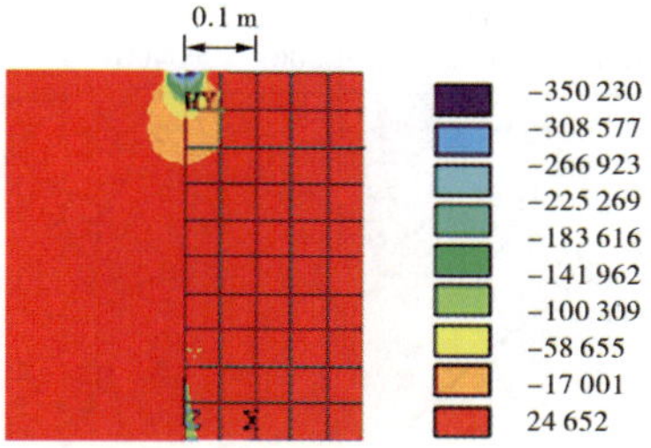

图 4-9　300 kPa 荷载下剖面竖向应力等值线　（单位:Pa）

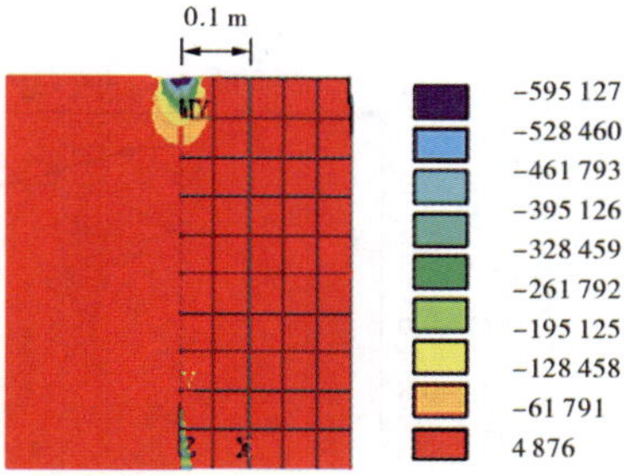

图 4-10　600 kPa 荷载下竖向应力等值线　（单位:Pa）

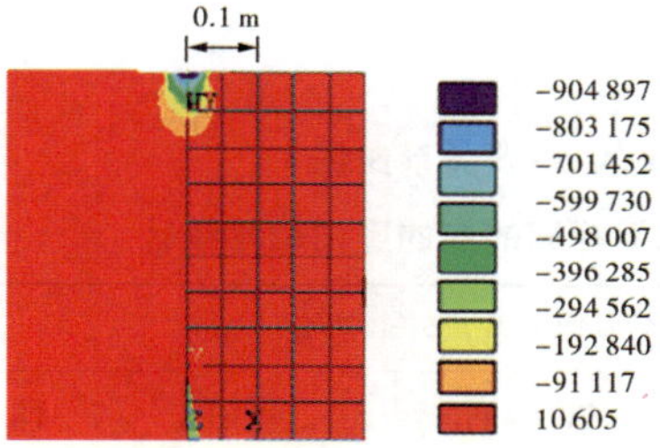

图 4-11　900 kPa 荷载下剖面竖向应力等值线　（单位:Pa）

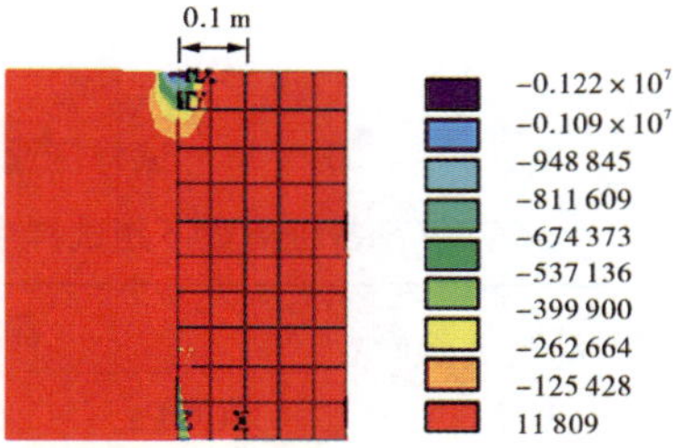

图 4-12　1 200 kPa 荷载下竖向应力等值线　（单位:Pa）

由图 4-5 ~ 图 4-12 可以看出，当竖向荷载从 300 kPa 变化到 1 200 kPa 时，试样的最大竖向位移逐渐增大，为 0.114 ~ 1.32 mm，最大竖向应力也逐渐增大，为 350 ~ 1 220 kPa；另外，从图上还可以看出，每级荷载作用下从试样中心向两边和向下竖向位移逐渐减小，离中心水平距离为50 ~ 100 mm、向下离中心垂直距离 50 ~ 150 mm 处，竖向位移逐渐变为 0，而对于竖向应力来说，每级荷载作用下从试样中心向两边和向下也逐渐减小，离中心水平距离 50 ~ 100 mm、往下离中心垂直距离 100 ~ 150 mm 处，逐渐由最大值减小至 0。这与承压板影响理论也是一致的。

为了观察试样的竖向变形规律，现把试样中心柱作用面各级荷载下由低到高的竖向应力和竖向位移（见表 4-6）绘制成 $p \sim S$ 曲线，见图 4-13，距试样中心不同水平距离的点的竖向位移（见表 4-7）绘制成沉降曲线，见图 4-14。

表 4-6　各级荷载下的竖向应力和竖向位移（沉降）统计

荷载（kPa）	0	168.8	337.6	440.6	585.6	730.9	877.7	1 023.2	1 166.8	1 314.1
沉降（mm）	0	-0.054	-0.108	-0.170	-0.265	-0.399	-0.583	-0.840	-1.197	-1.733

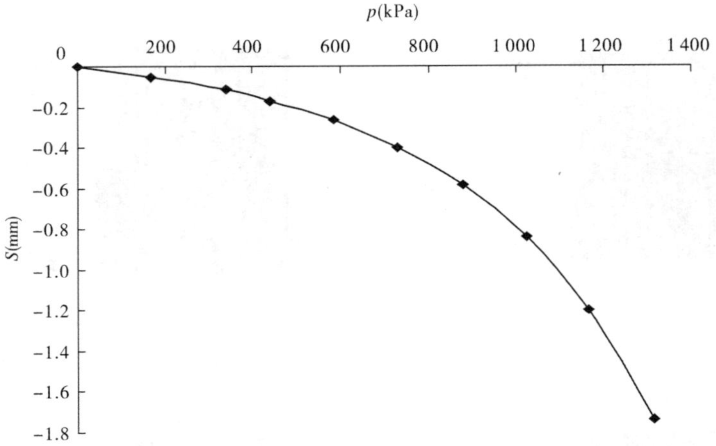

图 4-13　试样侧面无任何约束的 $p \sim S$ 关系曲线

表 4-7　各级荷载下距试样中心不同水平距离的点的竖向位移统计

到中心点水平距离（mm）	各级荷载下各距离点的竖向位移(mm)				
	300 kPa	600 kPa	900 kPa	1 200 kPa	1 314 kPa
-250	-0.005 1	-0.010 7	-0.017 8	-0.026 8	-0.032 5
-200	-0.006 5	-0.013 3	-0.021 0	-0.029 7	-0.034 7
-150	-0.009 3	-0.018 7	-0.028 1	-0.037 2	-0.041 6
-100	-0.013 9	-0.027 5	-0.039 7	-0.049 1	-0.051 9
-50	-0.031 1	-0.060 1	-0.082 7	-0.090 7	-0.081 9
-25	-0.108 0	-0.265 0	-0.583 0	-1.197 0	-1.733 0
0	-0.108 0	-0.265 0	-0.583 0	-1.197 0	-1.733 0
25	-0.108 0	-0.265 0	-0.583 0	-1.197 0	-1.733 0
50	-0.031 1	-0.060 1	-0.082 8	-0.091 3	-0.083 0
100	-0.013 9	-0.027 5	-0.039 7	-0.049 2	-0.052 0
150	-0.009 3	-0.018 7	-0.028 1	-0.037 2	-0.041 7
200	-0.006 5	-0.013 3	-0.021 0	-0.029 8	-0.034 8
250	-0.005 1	-0.010 7	-0.017 8	-0.026 9	-0.032 7

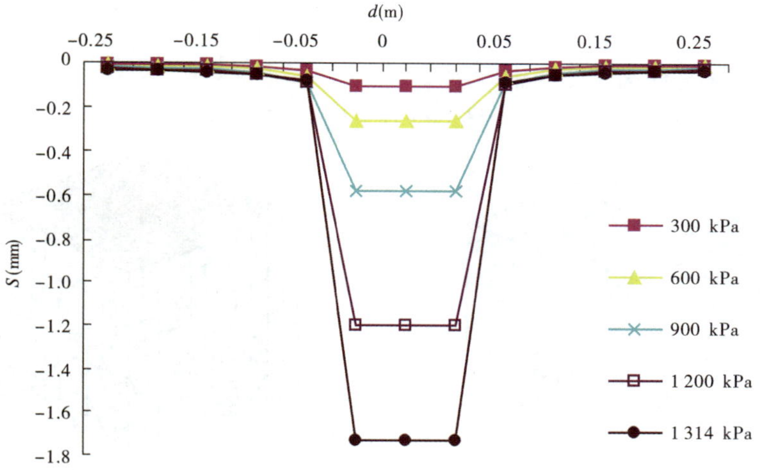

图 4-14　沉降曲线

由图 4-14 可以看出，每级中心荷载下中心柱作用面上试样的竖向变形最大，向两边逐渐减小，到离试样中心距离为 2 ~3 倍的小圆面直径后趋于稳定，且已经很小。

从表 4-7 可以看出，在试样加载达到 1 314 kPa 时，试样表面距离试样中心 50 mm 的两个点的竖向位移与前一级荷载 1 200 kPa 下的竖向位移相比，均有所减小，说明此时试样表面距离试样中心 50 mm 的两个测点附近有轻微的向上鼓胀现象。

2）最大收敛荷载下的侧向应力和侧向位移

为了分析试样的侧向应力和位移，作出试样在最大荷载 1 200 kPa 下的 x 方向的应力和位移的等值线图，如图 4-15、图 4-16 所示。

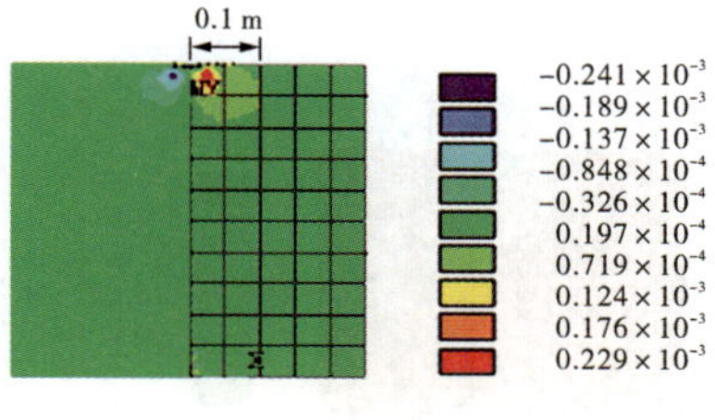

图 4-15　1 200 kPa 中心荷载下剖面 x 方向位移等值线　（单位：m）

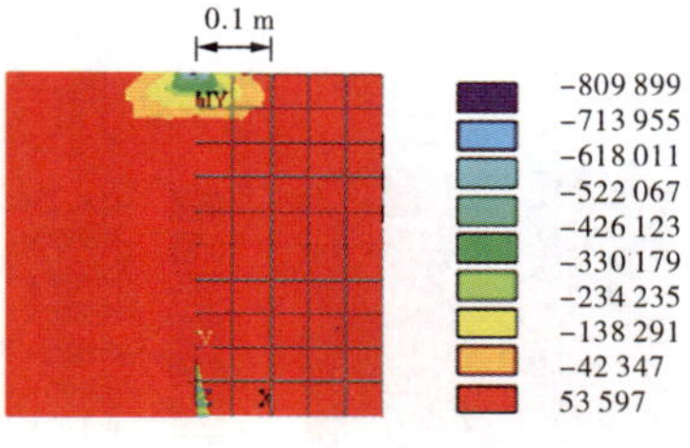

图 4-16　1 200 kPa 中心荷载下剖面 x 方向应力等值线　（单位：Pa）

从图 4-15、图 4-16 可以看出，试样 x 方向的侧向位移很小，其侧向位移值从试样中心的 0. 229 ~0. 241 mm 到外表侧面边界处逐渐减小到 1.97×10^{-2} ~

3.26×10^{-2} mm，侧向应力从试样中心的约 810 kPa 到外表侧面逐渐减小到 42 kPa，试样侧面外表的 x 方向的侧向位移和应力都很小。

4.2.4.2　试样侧面刚壳约束

建立的几何模型和有限元模型分别见图 4-17 及图 4-18。

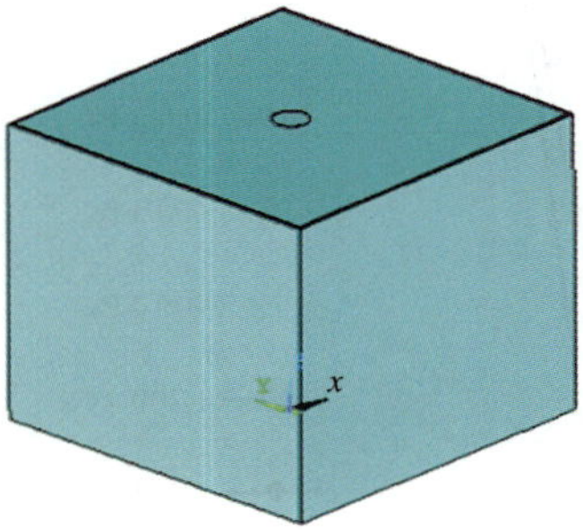

图 4-17　试样侧面刚壳约束几何模型

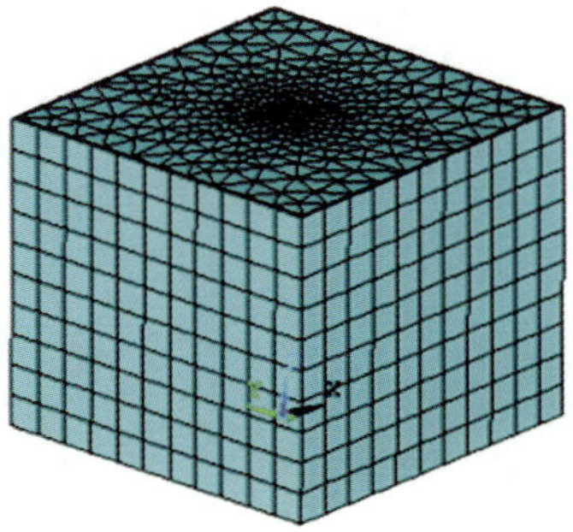

图 4-18　试样侧面刚壳约束有限元模型

1）各级荷载下的竖向应力和竖向位移

该模型计算最大收敛荷载为 1 350 kPa，为了分析比较各级荷载下的竖向应力和位移，现分别作出 300 kPa、600 kPa、900 kPa、1 200 kPa、1 350 kPa 荷载下的竖向位移等值线图，如图 4-19 ~ 图 4-23 所示，竖向应力的等值线图如图 4-24 ~ 图4-28 所示。由图 4-19 ~ 图 4-28 可以知道，从 300 kPa 到 1 350 kPa 试样的最大竖向位移逐渐增大，为 0.112 ~ 1.782 mm；最大竖向应力也逐渐增大，为 353 ~ 1 410 kPa。另外，从图上还可以知道，每级荷载作用下从试样中心往两边往下竖向位移逐渐减小，离中心水平距离 50 ~ 100 mm、往下离中心垂直距离 50 ~ 150 mm 处，竖向位移逐渐变为 0，而对于竖向应力来说，每级荷载作用下从试样中心往两边往下也逐渐减小，离中心水平距离 50 ~ 100 mm、往下离中心垂直距离 100 ~ 150 mm 处，逐渐由最大值减小到 0。

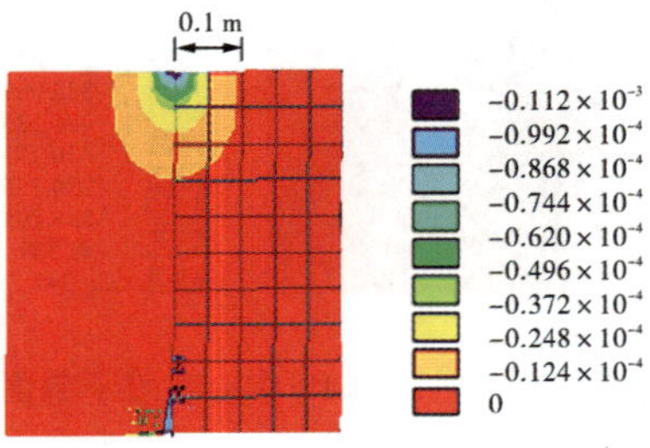

图 4-19　300 kPa 荷载下剖面竖向位移等值线　（单位：m）

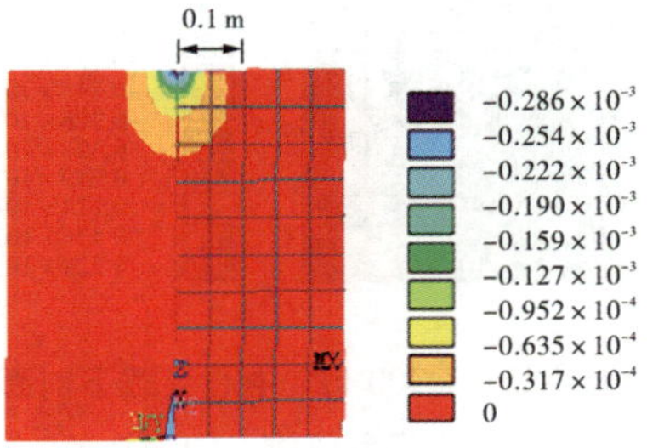

图 4-20　600 kPa 荷载下剖面竖向位移等值线　（单位：m）

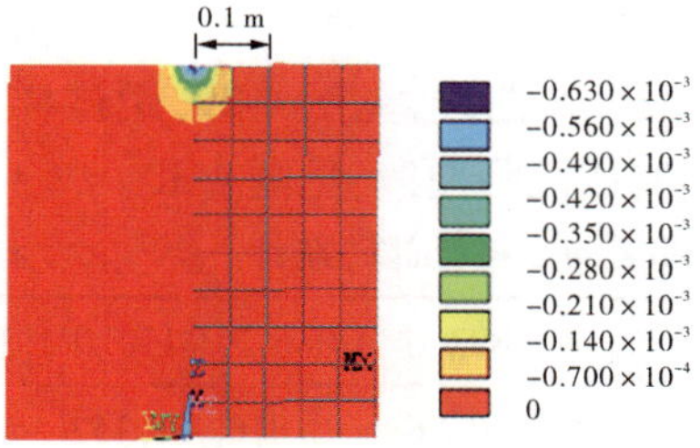

图 4-21　900 kPa 荷载下剖面竖向位移等值线　(单位:m)

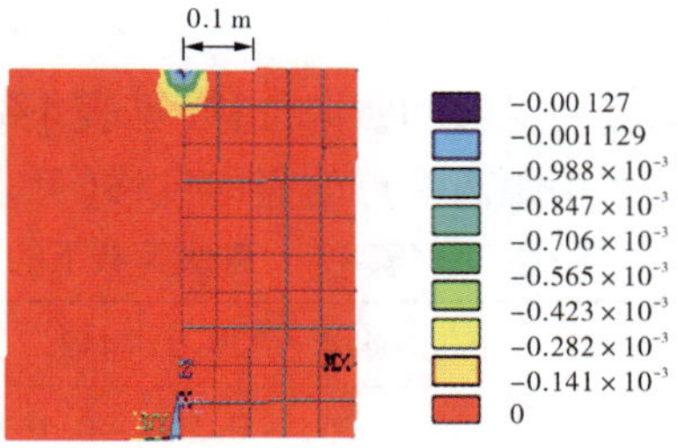

图 4-22　1 200 kPa 荷载下剖面竖向位移等值线　(单位:m)

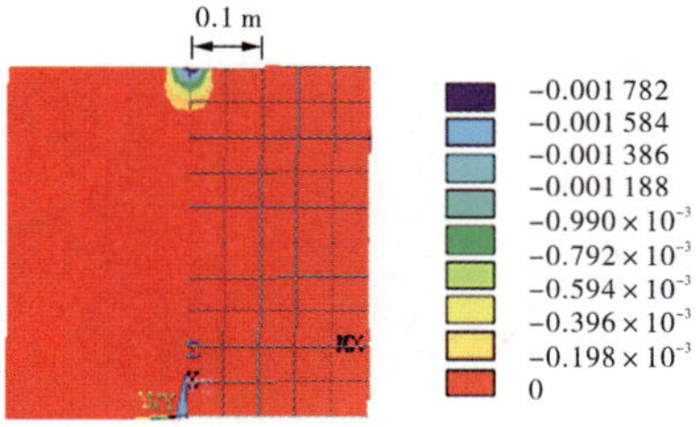

图 4-23　1 350 kPa 荷载下剖面竖向位移等值线　(单位:m)

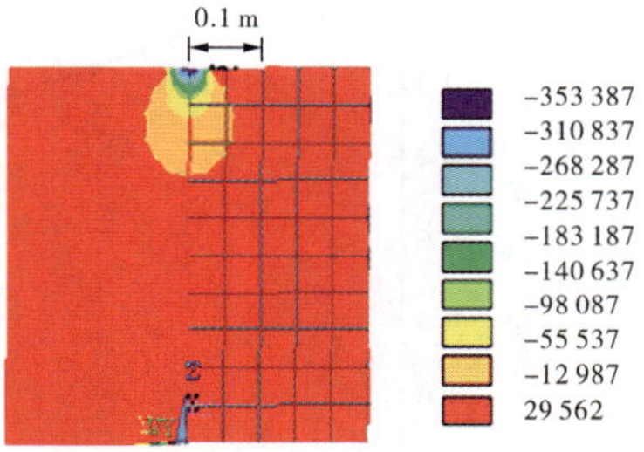

图 4-24　300 kPa 荷载下剖面竖向应力等值线　(单位:Pa)

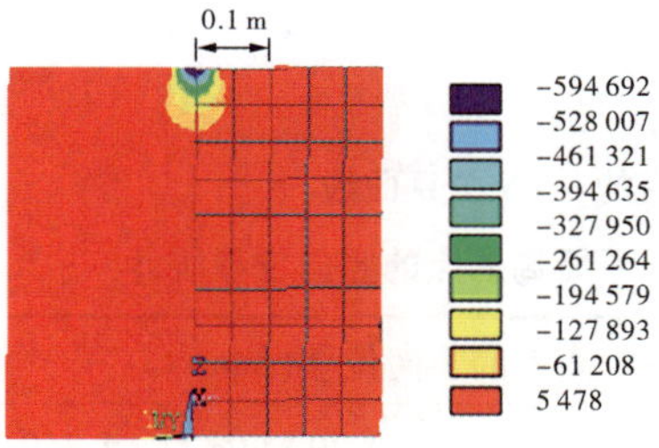

图 4-25　600 kPa 荷载下剖面竖向应力等值线　(单位:Pa)

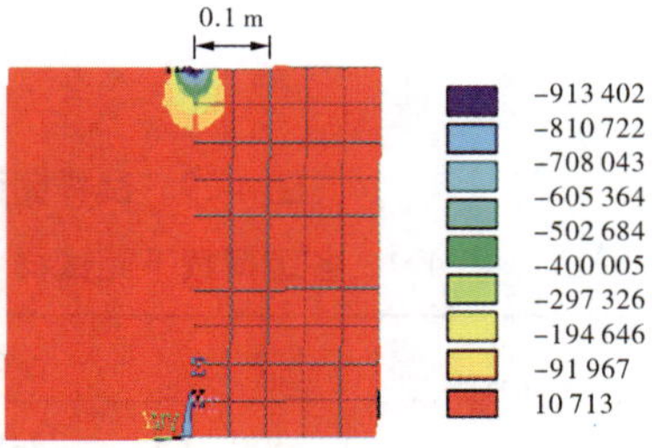

图 4-26　900 kPa 荷载下剖面竖向应力等值线　(单位:Pa)

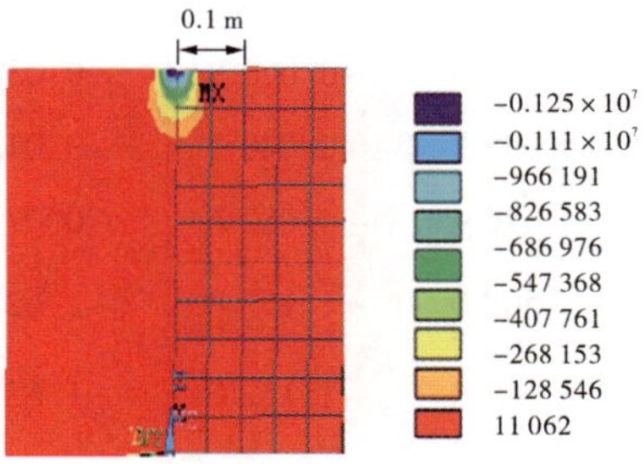

图 4-27　1 200 kPa 荷载下剖面竖向应力等值线　(单位:Pa)

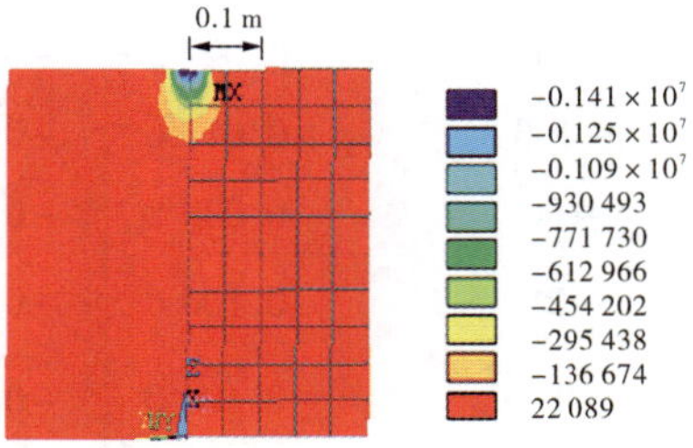

图 4-28　1 350 kPa 荷载下剖面竖向应力等值线　(单位:Pa)

为了观察试样的竖向变形规律,现把试样中心柱作用面各级荷载下由低到高的竖向应力和竖向位移(见表4-8)绘制成 $p \sim S$ 曲线,见图4-29,距试样中心不同水平距离的点的竖向位移(见表4-9)绘制成沉降曲线,见图4-30。

表4-8 各级荷载下的竖向应力和竖向位移(沉降)统计

荷载(kPa)	0	164.4	329.0	443.7	589.4	739.8	892.0	1 046.2	1 199.0	1 351.6
沉降量(mm)	0	-0.053	-0.106	-0.167	-0.261	-0.392	-0.568	-0.816	-1.152	-1.627

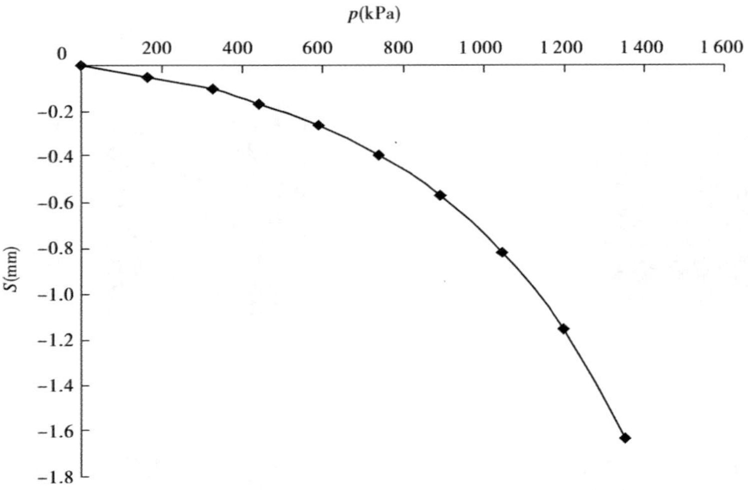

图4-29 试样侧面刚壳约束的 $p \sim S$ 关系曲线

表4-9 各级荷载下距试样中心不同水平距离的点的竖向位移统计

到中心点距离(mm)	各级荷载下各距离点的竖向位移(mm)				
	300 kPa	600 kPa	900 kPa	1 200 kPa	1 350 kPa
-250	-0.004 7	-0.009 4	-0.014 3	-0.019 4	-0.022 0
-200	-0.005 0	-0.010 2	-0.015 4	-0.020 7	-0.023 4
-150	-0.007 3	-0.014 5	-0.021 5	-0.027 9	-0.030 8
-100	-0.011 6	-0.023 0	-0.032 9	-0.040 2	-0.042 1
-50	-0.028 8	-0.055 6	-0.076 6	-0.082 6	-0.075 4
-25	-0.106 0	-0.261 0	-0.568 0	-1.152 0	-1.627 0
0	-0.106 0	-0.261 0	-0.568 0	-1.152 0	-1.627 0
25	-0.106 0	-0.261 0	-0.568 0	-1.152 0	-1.627 0
50	-0.028 9	-0.055 6	-0.076 3	-0.081 3	-0.072 4

续表 4-9

到中心点距离(mm)	各级荷载下各距离点的竖向位移(mm)				
	300 kPa	600 kPa	900 kPa	1 200 kPa	1 350 kPa
100	-0.011 7	-0.023 0	-0.033 0	-0.040 2	-0.042 1
150	-0.007 3	-0.014 5	-0.021 5	-0.028 0	-0.030 8
200	-0.005 0	-0.010 2	-0.015 4	-0.020 7	-0.023 4
250	-0.004 7	-0.009 4	-0.014 3	-0.019 4	-0.022 0

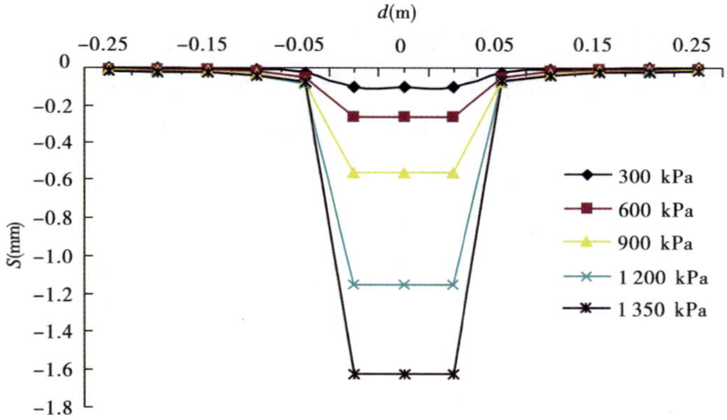

图 4-30　沉降曲线

由图 4-30 可以看出,每级中心荷载下中心柱作用面上试样的竖向变形最大,往两边逐渐减小,到离试样中心距离为 2 ~ 3 倍的小圆面直径后趋于稳定,且已经很小。

从表 4-9 可以看出,在最大加载 1 350 kPa 下,试样表面距离试样中心 50 mm 的两个点的竖向位移与前一级荷载 1 200 kPa 下的竖向位移相比,均有所减小,说明此时试样表面距离试样中心 50 mm 的两个点附近有轻微的向上鼓胀现象。

2)最大收敛荷载下的侧向应力和侧向位移

为了分析试样的侧向应力和位移,作出试样在最大荷载 1 350 kPa 下剖面 x 方向的位移和应力的等值线图,如图 4-31、图 4-32 所示。

从图 4-31、图 4-32 可以看出,试样的侧向位移很小,其侧向位移值从试样中心的 0.328 ~ 0.341 mm 到外表侧面边界处逐渐减小到 3.06×10^{-2} ~ 4.37×10^{-2} mm,侧向应力从试样中心的约 798 kPa 到外表侧面边界处逐渐减小到约 37 kPa,试样侧面外表的 x 方向的侧向位移和应力都很小。

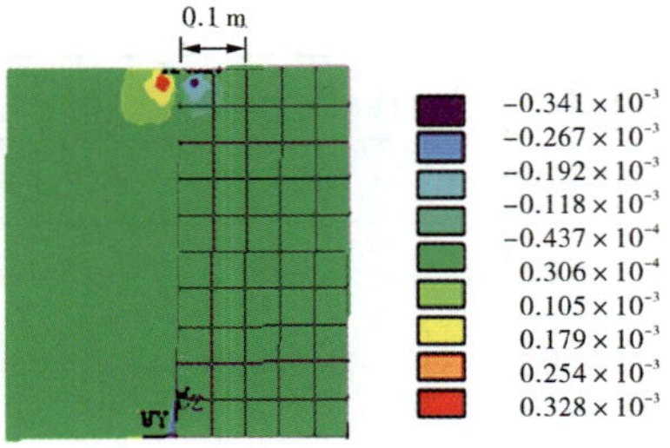

图 4-31　1 350 kPa 中心荷载下剖面 x 方向位移等值线　（单位：m）

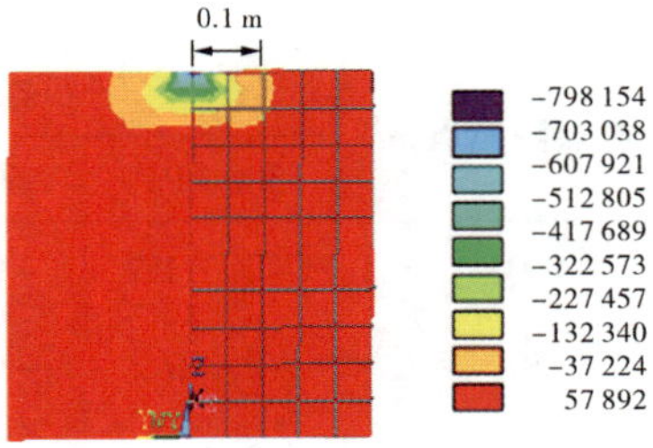

图 4-32　1 350 kPa 中心荷载下剖面 x 方向应力等值线　（单位：Pa）

4.2.4.3　试样侧面无约束与刚壳约束计算结果的比较

为了进行比较，现把两种情况下的计算结果列入表 4-10。

表 4-10　不加约束和加刚壳约束计算结果对比

荷载		不加约束				刚壳约束			
		竖向位移(mm)	竖向应力(kPa)	侧向位移(mm)	侧向应力(kPa)	竖向位移(mm)	竖向应力(kPa)	侧向位移(mm)	侧向应力(kPa)
中心荷载(kPa)	300	0.114	350			0.112	353		
	600	0.290	595			0.286	595		
	900	0.647	905			0.630	913		
	1 200	1.320	1 220	0.026 ~ 0.235	42 ~ 810	1.270	1 250		
	1 350	1.733	1 314			1.782	1 410	0.037 ~ 0.335	37 ~ 798

注：1. 表中的结果，除侧向应力和侧向位移为范围值外，其余全部为最大值。

2. 侧向应力和侧向位移的范围值中，最大值为试样中心处的平均数值，最小值为试样侧面外表边界处的平均数值。

由表 4-10 可知：

(1) 两种约束条件在各级荷载作用下，它们的竖向应力和竖向位移大小基本一致。虽然两者相比，不加约束条件下的最大收敛荷载为 1 200 kPa，无法得到更高荷载下的应力和位移的等值线图，但是通过求中心柱作用面上的所有节点的竖向应力和竖向位移的办法，仍然得到试样屈服破坏时中心柱作用面上的平均竖向应力和平均竖向位移分别为1 314 kPa和 1.733 mm，而刚壳约束条件下的最大收敛荷载为 1 350 kPa，试样的最大竖向应力和最大竖向位移分别为 1 410 kPa和 1.782 mm，两者结果相比是比较接近的。

除利用上述表格形式进行对比外，还可以利用它们的 $p \sim S$ 曲线对比图（见

图 4-33)进行对比。从图 4-33 可以看出,当竖向荷载小于 730 kPa 时,两种情况下的竖向位移基本重合;当竖向荷载大于 730 kPa 时,两种情况下的竖向位移有些不同,但从图上看差异不大。

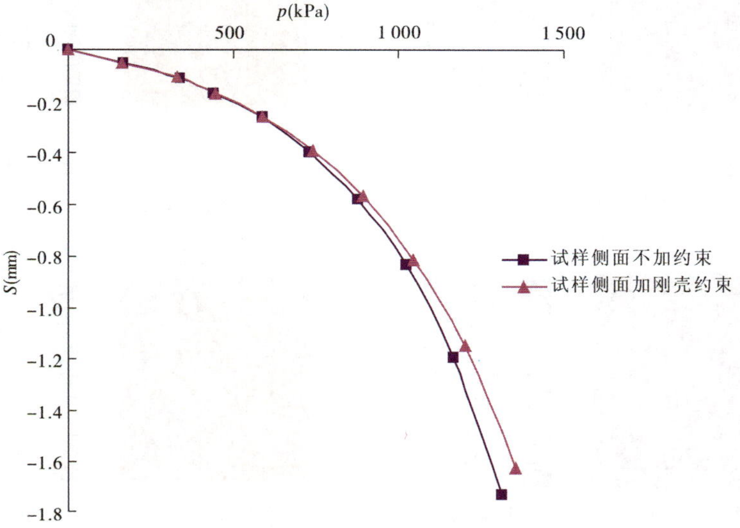

图 4-33　试样侧面不加约束与试样侧面加刚壳约束的 $p \sim S$ 曲线对比

(2)两种约束条件在最大收敛荷载下,侧向的应力和位移也基本一致。由表 4-10 可知,不加约束条件最大收敛荷载(1 200 kPa)下试样中心处的最大侧向位移和最大侧向应力分别为0.235 mm和 810 kPa,试样侧面外表边界处的最大侧向位移和最大侧向应力分别为 0.026 mm 和 42 kPa;而刚壳约束条件最大收敛荷载(1 350 kPa)下试样中心处的最大侧向位移和最大侧向应力分别为 0.335 mm 和 798 kPa,试样侧面外表边界处的最大侧向位移和最大侧向应力分别为 0.037 mm 和 37 kPa,两者结果相比也比较接近。

通过比较可以知道,在两种约束条件下,无论试样的最大竖向应力和竖向位移还是其试样中心处的最大侧向位移和最大侧向应力及试样侧面外表边界处的最大侧向位移和最大侧向应力,结果都基本一致。

4.2.4.4　试样侧面固定垂直单向约束

建立的几何模型和有限元模型同图 4-3 和图 4-34。

1)各级荷载下的竖向应力和位移

该模型计算最大收敛荷载为 1 200 kPa,为了分析比较各级荷载下的竖向应力和位移,现分别作出 300 kPa、600 kPa、900 kPa、1 200 kPa 荷载下的竖向位移的等值线图,如图 4-34 ~ 图 4-37 所示,竖向应力的等值线图如图 4-38 ~ 图 4-41。

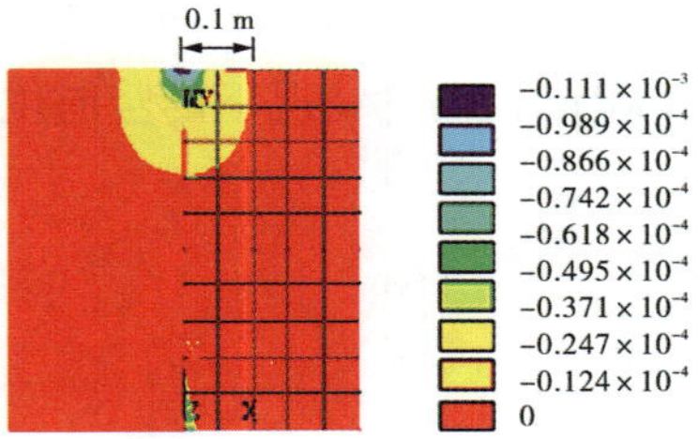

图 4-34　300 kPa 荷载下剖面竖向位移等值线　（单位：m）

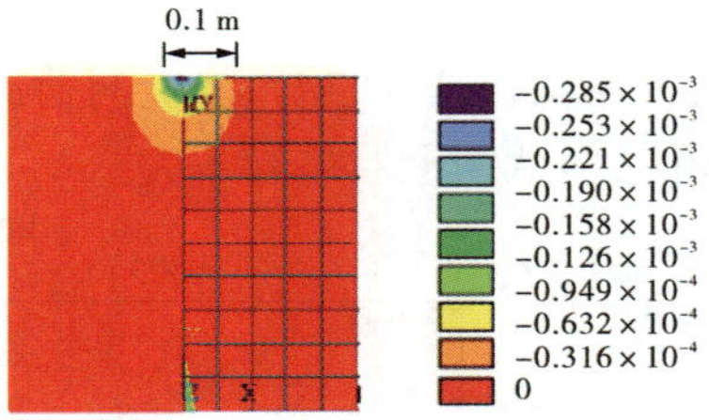

图 4-35　600 kPa 荷载下剖面竖向位移等值线　（单位：m）

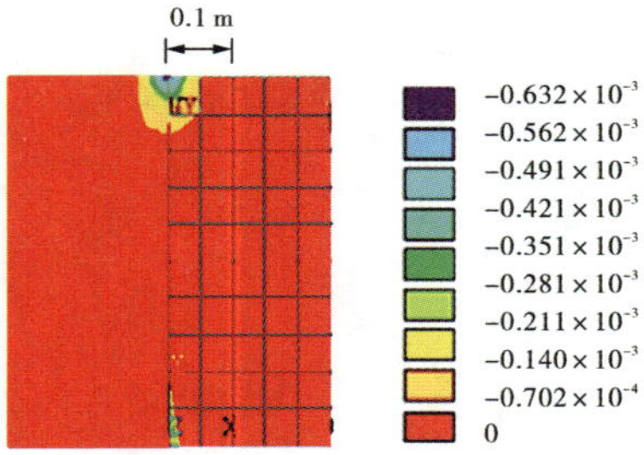

图 4-36　900 kPa 荷载下剖面竖向位移等值线　（单位：m）

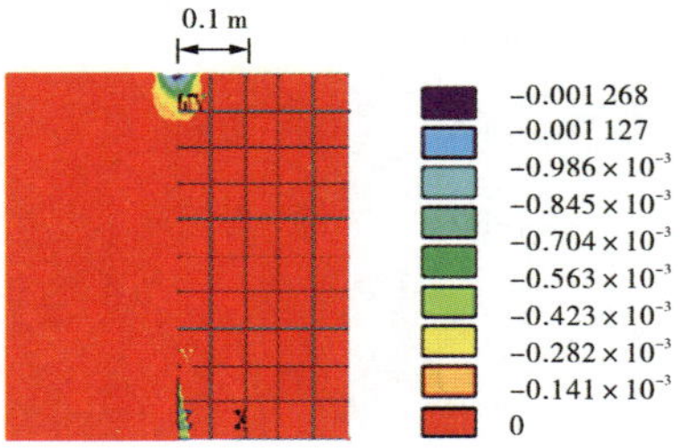

图 4-37　1 200 kPa 荷载下剖面竖向位移等值线　（单位：m）

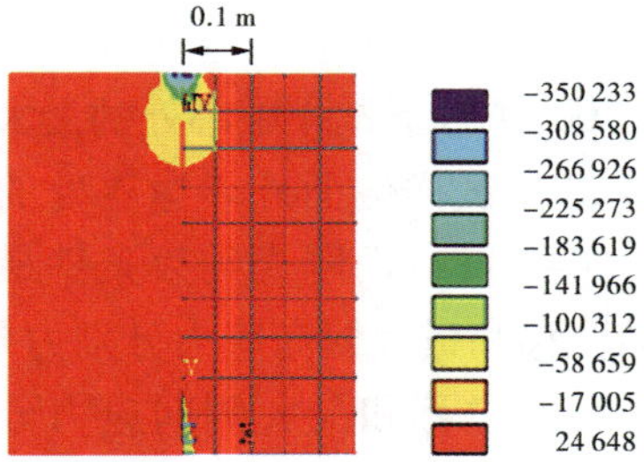

图 4-38　300 kPa 荷载下剖面竖向应力等值线　（单位：Pa）

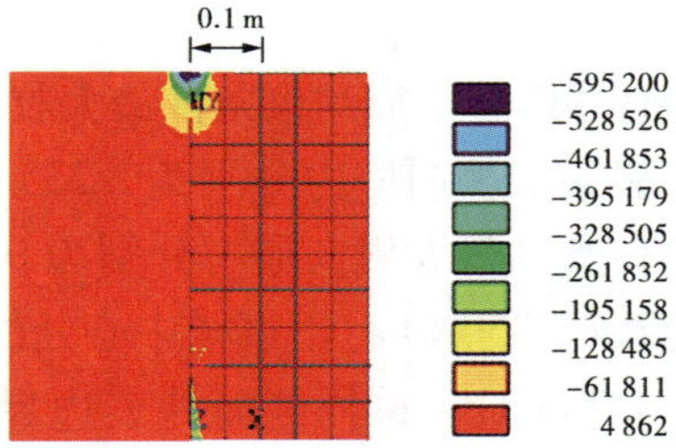

图 4-39　600 kPa 荷载下剖面竖向应力等值线　（单位：Pa）

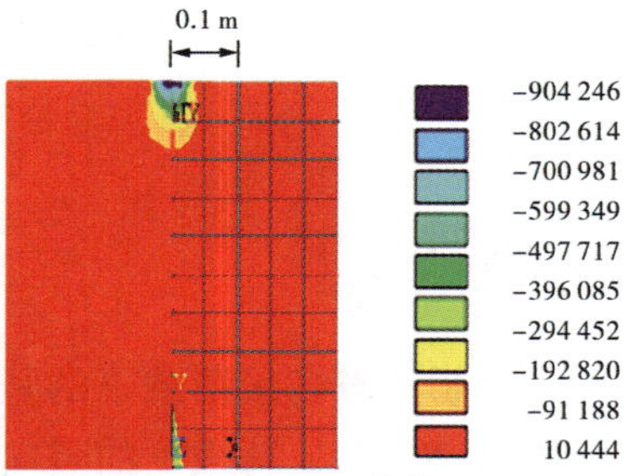

图 4-40　900 kPa 荷载下剖面竖向应力等值线　（单位：Pa）

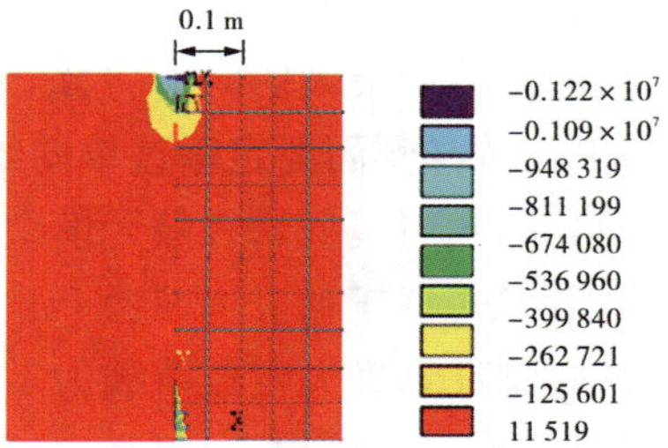

图 4-41　1 200 kPa 荷载下剖面竖向应力等值线　（单位：Pa）

由图 4-34 ~ 图 4-41 可以看出，从 300 kPa 到 1 200 kPa 试样的最大竖向位移逐渐增大，为 0.111 ~ 1.268 mm，最大竖向应力也逐渐增大，为 350 ~ 1 220 kPa；另外，从图上还可以看出，每级荷载作用下从试样中心向两边和向下竖向位移逐渐减小，离中心水平距离 50 ~ 100 mm、向下离中心垂直距离 50 ~ 150 mm 处，竖向位移逐渐变为 0，而对于竖向应力来说，每级荷载作用下从试样中心向两边和向下也逐渐减小，离中心水平距离 50 ~ 100 mm、向下离中心垂直距离 100 ~ 150 mm 处，逐渐由最大值减小至 0。

为了研究试样的竖向变形规律，现把试样中心柱作用面各级荷载由低到高的竖向应力和竖向位移（见表 4-11）绘制成 $p \sim S$ 曲线，见图 4-42，距试样中心不同水平距离的点的竖向位移（见表 4-12）绘制成沉降曲线，见图 4-43。

表 4-11　各级荷载下的竖向应力和竖向位移（沉降量）统计

荷载（kPa）	0	168.8	337.6	440.6	585.6	731.0	877.8	1 024.0	1 167.5	1 314.0
沉降量（mm）	0	-0.053	-0.106	-0.168	-0.260	-0.391	-0.570	-0.813	-1.148	-1.626

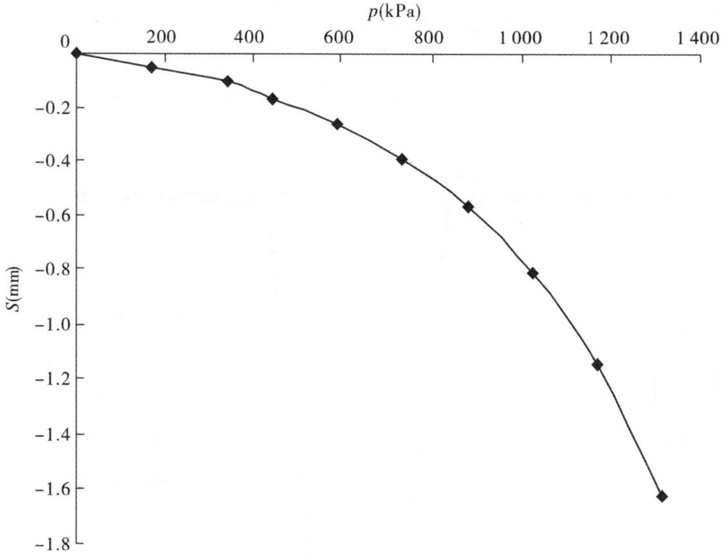

图 4-42　试样侧面固定垂直单向约束的 $p \sim S$ 关系曲线

表 4-12　各级荷载下距试样中心不同水平距离的点的竖向位移统计

到中心点距离（mm）	各级荷载下各距离点的竖向位移（mm）				
	300 kPa	600 kPa	900 kPa	1 200 kPa	1 314 kPa
-250	-0.004 6	-0.009 2	-0.014 0	-0.018 9	-0.021 3
-200	-0.004 9	-0.009 9	-0.015 1	-0.020 2	-0.022 7

续表 4-12

到中心点距离(mm)	各级荷载下各距离点的竖向位移(mm)				
	300 kPa	600 kPa	900 kPa	1 200 kPa	1 314 kPa
-150	-0.007 2	-0.014 3	-0.021 2	-0.027 4	-0.030 1
-100	-0.011 6	-0.022 8	-0.032 6	-0.039 7	-0.041 4
-50	-0.028 7	-0.055 3	-0.075 5	-0.081 3	-0.072 9
-25	-0.106 0	-0.260 0	-0.570 0	-1.148 0	-1.626 0
0	-0.106 0	-0.260 0	-0.570 0	-1.148 0	-1.626 0
25	-0.106 0	-0.260 0	-0.570 0	-1.148 0	-1.626 0
50	-0.028 6	-0.055 3	-0.075 6	-0.081 9	-0.073 9
100	-0.011 6	-0.022 8	-0.032 6	-0.039 7	-0.041 5
150	-0.007 2	-0.014 3	-0.021 2	-0.027 4	-0.030 1
200	-0.004 9	-0.009 9	-0.015 1	-0.020 2	-0.022 7
250	-0.004 6	-0.009 2	-0.014 0	-0.018 9	-0.021 3

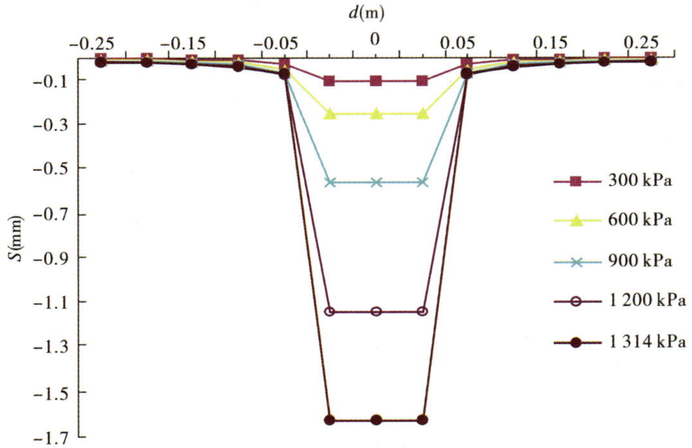

图 4-43　试样侧面固定垂直单向约束的沉降曲线

由图 4-43 可以看出，每级中心荷载下中心柱作用面上试样的竖向变形最大，向两边逐渐减小，到离试样中心距离为 2～3 倍的小圆面直径后趋于稳定，且已经很小。

从表 4-12 可以看出，在最大加载 1 314 kPa 下，试样表面距离试样中心 50 mm 的两个点的竖向位移与前一级荷载 1 200 kPa 下的竖向位移相比，均有所减小，说明此时试样表面距离试样中心 50 mm 的两个点附近已有轻微的向上鼓胀现象。

2)最大收敛荷载下的侧向应力和侧向位移

为了分析试样的侧向应力和侧向位移，作出试样在最大收敛荷载 1 200 kPa 下 x 方向的应力和位移的等值线图，如图 4-44、图 4-45 所示。

从图 4-44、图 4-45 可以看出，试样 x 方向的侧向位移很小，其侧向位移值从试样中心的 0.218 ~ 0.231 mm 到外表侧面边界处逐渐减小到 1.86×10^{-2} ~ 3.13×10^{-2} mm，侧向应力从试样中心的约 815 kPa 到外表侧面逐渐减小到 49 kPa，试样侧面外表的 x 方向的侧向位移和应力都很小。

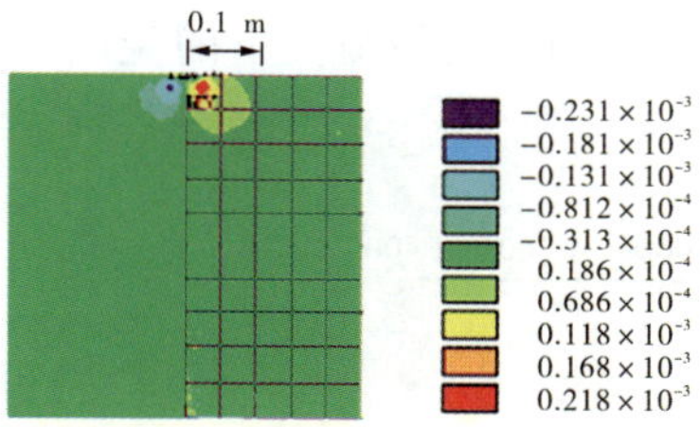

图 4-44 1 200 kPa 中心荷载下剖面 x 方向位移等值线 (单位:m)

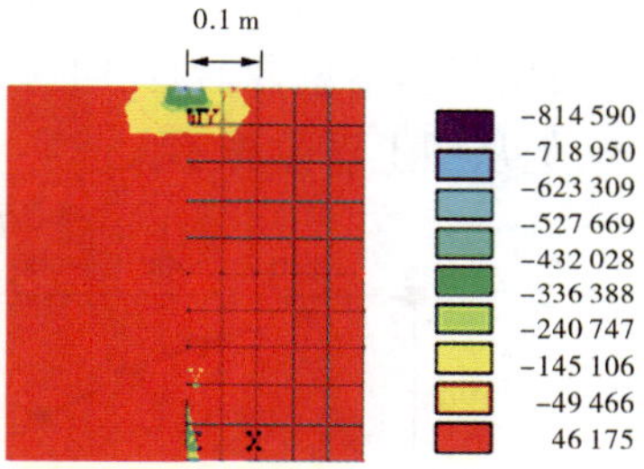

图 4-45 1 200 kPa 中心荷载下剖面 x 方向应力等值线 (单位:Pa)

4.2.4.5 试样侧面无约束与固定垂直单向约束计算结果的比较

为了进行比较，现把两种情况下的计算结果列于表 4-13。

表 4-13 不加约束和固定垂直单向约束计算结果对比

中心荷载(kPa)	不加约束				固定垂直单向约束			
	竖向位移(mm)	竖向应力(kPa)	侧向位移(mm)	侧向应力(kPa)	竖向位移(mm)	竖向应力(kPa)	侧向位移(mm)	侧向应力(kPa)
300	0.114	350			0.111	350		
600	0.290	595			0.285	595		
900	0.647	905			0.632	904		
1 200	1.320	1 220	0.026 ~ 0.235	42 ~ 810	1.268	1 220	0.025 ~ 0.224	49 ~ 815
1 350	1.733	1 314			1.626	1 314		

注：1. 表中的结果，除侧向应力和侧向位移为范围值外，其余全部为最大值。

2. 侧向应力和侧向位移的范围值中，最大值为试样中心处的平均数值，最小值为试样侧面外表边界处的平均数值。

由表 4-13 可知：

(1)在两种约束条件各级荷载作用下的竖向应力和竖向位移大小基本一致。两者相比，最大加载均为 1 200 kPa，无法得到更高荷载下的应力和位移的等值线图，但是通过求中心柱作用面上的所有节点的竖向应力和竖向位移的办法，仍然得到试样屈服破坏时试样中心柱作用面上的平均竖向应力和平均竖向位移，不加约束下分别为 1 314 kPa 和 1.733 mm，固定垂直单向约束条件下分别为 1 314 kPa 和 1.626 mm，两者结果基本一致。

除了利用上述表格形式进行对比，还可以利用它们的 $p \sim S$ 曲线对比图（见图 4-46）进行对比。从图 4-46 可以看出，当竖向荷载小于 730 kPa 时，两种情况下的竖向位移基本重合，当竖向荷载大于 730 kPa 时，两种情况下的竖向位移有些不同，但从图上看差异不大。

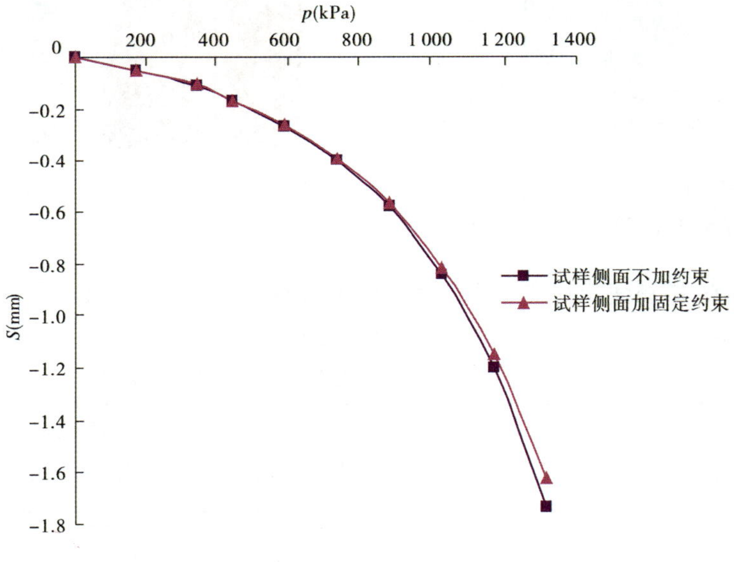

图 4-46　试样侧面不加约束与加固定垂直单向约束的 $p \sim S$ 曲线对比

(2)在两种约束条件最大收敛荷载下，侧向应力和侧向位移也基本一致。由表 4-13 可知，不加约束条件最大加载（1 200 kPa）下试样中心处的最大侧向位移和最大侧向应力分别为 0.235 mm 和 810 kPa，试样侧面外表边界处的最大侧向位移和最大侧向应力分别为 0.026 mm 和 42 kPa；而固定垂直单向约束条件最大加载（1 200 kPa）下试样中心处的最大侧向位移和最大侧向应力分别为 0.224 mm和 815 kPa，试样侧面外表边界处的最大侧向位移和最大侧向应力分别为 0.025 mm 和 49 kPa,两者结果相比也基本一致。

通过上述比较可以知道,在两种约束条件下,不论试样的最大竖向应力和竖向位移还是试样中心处的最大侧向位移和最大侧向应力及试样侧面外表边界处的最大侧向位移和最大侧向应力,结果都基本一致。

4.2.4.6 边界条件问题讨论

从三种方式的竖向应力、竖向位移和侧向应力、侧向位移的对比来说,试样侧面不加任何约束与加固定约束两种方式的结果更一致些(见图 4-47),说明到了中心柱作用面直径的 2～3 倍的距离以外,边界条件的影响已经很小。因此,试样侧面不加任何约束与加刚壳约束两种方式的结果相比,后者的最大收敛荷载稍大一些,但总的来说,两者的计算结果无论竖向应力、竖向位移还是侧向位移、侧向应力,大小都非常接近。

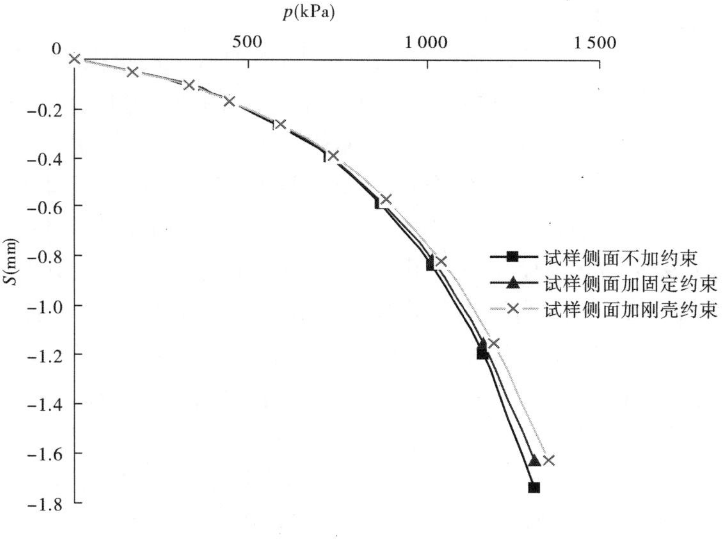

图 4-47　试样侧面三种约束方式的 $p \sim S$ 曲线对比

另外,从三种方式的计算结果和沉降曲线来看,在最大中心收敛荷载1 314～1 350 kPa 下,试样表面距离试样中心 50 mm 的两个点的竖向位移与前一级荷载下的竖向位移相比均有所减小,说明此时试样表面距离试样中心 50 mm 的两个点附近已有轻微的向上鼓胀现象,试样已经发生破坏。

总之,在不加预加荷载只加中心荷载的情况下,三种约束方式的计算结果基本一致。

4.2.5 影响因素的正交试验计算结果分析

根据前述正交设计的原理和基本思想，首先按照表4-4进行泥质软岩/硬土数值计算正交设计的第一步，即在采用固定约束和计算参数（见表4-1）给定的情况下，对影响计算结果的四个因素（几何模型的尺寸、中心圆柱的尺寸、最大预加荷载、中心柱最大施加荷载）进行正交设计，按照表4-4中的9种情况（为了便于以下阐述，表中的9种情况从上到下分别以试验组合1、2、3、4、5、6、7、8、9为编号来说明其计算结果）分别进行计算。

从前述计算可以知道，在固定约束及计算参数给定的条件下，影响计算结果的因素有模型的几何尺寸、中心柱直径、预加荷载大小、中心荷载大小等四个因素，现对前面的计算结果加以汇总，见表4-14～表4-17，并根据汇总表对照各个因素对竖向应力和竖向变形等的影响分别加以总结。

4.2.5.1 模型尺寸的影响分析

由表4-14及表4-16可以看出，在施加相同预加荷载的情况下，随着模型尺寸的增大，不论中心柱尺寸是哪一种，无论是剖面上的最大竖向变形还是中心柱作用面的竖向变形都随之而增大。当预加荷载为250 kPa时，随着模型尺寸的增大，在预加荷载作用下中心柱作用面的平均竖向位移由0.842 mm增大到1.676 mm，在最大中心收敛荷载作用下，中心柱作用面的平均竖向位移由1.165 mm增大到1.958 mm，预加荷载作用下中心柱作用面的平均竖向位移占总竖向位移的72.3%～85.6%；当预加荷载为650 kPa时，随着模型尺寸的增大，在预加荷载作用下，中心柱作用面的平均竖向位移由2.196 mm增大到4.350 mm；在最大中心收敛荷载作用下，中心柱作用面的平均竖向位移由2.690 mm增大到4.660 mm，预加荷载作用下中心柱作用面的平均竖向位移占总竖向位移的81.6%～93.3%，说明几何模型尺寸越大，预加荷载作用下中心柱作用面的平均竖向位移占总竖向位移的比例越大，因此在施加相同预加荷载的情况下，几何模型尺寸的影响要比中心柱尺寸的影响大。

4.2.5.2 中心柱尺寸的影响分析

由表4-14可以看出，在没有预加荷载的情况下，随着中心柱尺寸的增大，中心柱作用面所承受的竖向应力虽然增大不多（由1 174～1 366 kPa），产生的竖向变形却增大较多(0.682～2.181 mm)，说明在无预加荷载和给定参数的情况下，中心柱作用面的平均竖向应力最大值基本为1 100～1 400 kPa，但是竖向变形却不同，随着中心柱尺寸的增大，竖向变形增长的幅度要比竖向应力的增幅大。

表 4-14　泥质软岩/硬土数值计算正交设计成果汇总(一)

几何尺寸(mm×mm×mm)	中心柱尺寸(mm)	预加荷载(kPa)	中心荷载(kPa)	实际最大中心收敛荷载(kPa)	最大中心收敛荷载下离中心水平距离为中心柱直径1倍处附近是否有向上鼓胀现象	最大中心收敛荷载				比例极限(kPa)	离中心3倍于中心柱作用面直径距离后,竖向位移是否趋于稳定
						剖面最大竖向位移(mm)	剖面最大竖向应力(kPa)	中心柱作用面平均竖向应力(kPa)	中心柱作用面平均竖向位移(mm)		
500×500×500	30	0	1 200	1 200	有	0.751	1 220	1 174	0.682	397	是
750×750×750	60	0	2 000	1 400	有	2.369	1 410	1 366	2.181	395	是
1 000×1 000×1 000	50	0	3 200	1 360	有	1.803	1 370	1 319	1.653	362	是

表 4-15　泥质软岩/硬土数值计算正交设计成果汇总(二)

几何尺寸(mm×mm×mm)	中心柱尺寸(mm)	预加荷载(kPa)	中心荷载(kPa)	实际最大中心收敛荷载(kPa)	预加荷载				最大中心收敛荷载				比例极限(kPa)	中心荷载产生的净沉降量(mm)	离中心3倍于中心柱作用面直径距离后,竖向位移是否趋于稳定
					剖面最大竖向位移(mm)	剖面最大竖向应力(kPa)	中心柱作用面平均竖向应力(kPa)	中心柱作用面平均竖向位移(mm)	剖面最大竖向位移(mm)	剖面最大竖向应力(kPa)	中心柱作用面平均竖向应力(kPa)	中心柱作用面平均竖向位移(mm)			
500×500×500	50	250	2 000	950	0.842	292	250	0.842	1.197	982	958	1.165	537	0.323	是
750×750×750	30	250	3 200	914	1.255	287	249	1.255	1.449	938	923	1.431	504	0.176	是
1 000×1 000×1 000	60	250	1 200	820	1.677	292	249	1.676	1.990	855	797	1.958	532	0.282	是

表 4-16　泥质软岩/硬土数值计算正交设计成果汇总(三)

几何尺寸(mm×mm×mm)	中心柱尺寸(mm)	预加荷载(kPa)	中心荷载(kPa)	实际最大中心收敛荷载(kPa)	预加荷载				最大中心收敛荷载				比例极限(kPa)	中心荷载产生的净沉降量(mm)	离中心3倍于中心柱作用面直径距离后,竖向位移是否趋于稳定
					剖面最大竖向位移(mm)	剖面最大竖向应力(kPa)	中心柱作用面平均竖向应力(kPa)	中心柱作用面平均竖向位移(mm)	剖面最大竖向位移(mm)	剖面最大竖向应力(kPa)	中心柱作用面平均竖向应力(kPa)	中心柱作用面平均竖向位移(mm)			
500×500×500	60	650	3 200	1 415	2.198	738	642	2.196	2.739	1 450	1 431	2.690	718	0.494	否
750×750×750	50	650	1 200	1 200	3.279	751	647	3.277	3.578	1 200	1 188	3.549	775	0.272	是
1 000×1 000×1 000	30	650	2 000	1 561	4.351	750	648	4.350	4.690	1 610	1 579	4.660	726	0.310	是

表 4-17　泥质软岩/硬土数值计算正交设计成果汇总(四)

试验组合	几何尺寸(mm×mm×mm)	中心柱直径(mm)	试样边长与中心柱直径之比	预加荷载(kPa)	中心荷载(kPa)	实际最大中心荷载(kPa)	卸荷			
							起始卸荷荷载(kPa)	起始卸荷荷载对应的小圆面平均竖向位移(mm)	初次加到预加荷载对应的小圆面平均竖向位移(mm)	卸荷到预加荷载对应的小圆面平均竖向位移(mm)
1	500×500×500	30	16.7	0	1 200	1 200	1 174	0.682		0.424
2	500×500×500	50	10.0	250	2 000	950	821	1.075	0.842	0.886
3	500×500×500	60	8.3	650	3 200	1 415	1 431	2.690	2.198	2.389
4	750×750×750	30	25.0	250	3 200	1 085	843	1.401	1.255	1.282
5	750×750×750	50	15.0	650	1 200	1 200	1 188	3.549	3.279	3.376
6	750×750×750	60	12.5	0	2 000	1 400	1 170	1.371		0.852
7	1 000×1 000×1 000	30	33.3	650	2 000	1 561	1 402	4.584	4.351	4.447
8	1 000×1 000×1 000	50	20.0	0	3 200	1 360	1 007	0.794		0.366
9	1 000×1 000×1 000	60	16.7	250	1 200	820	709	1.890	1.676	1.700

由表 4-15 可以看出,在预加荷载为 250 kPa 的情况下,随着中心柱尺寸的增大,中心柱作用面所承受的竖向应力由 797 kPa 增大到 958 kPa,产生的竖向变形为 1.165 ~ 1.958 mm,说明在预加荷载 250 kPa 和给定参数情况下,中心柱作用面的平均竖向应力最大值基本为 800 ~ 1 000 kPa,但是竖向变形却不同,随着中心柱尺寸的增大,中心柱作用面的竖向变形的增长幅度要比中心柱作用面的竖向应力的增长幅度大。

由表 4-16 可以看出,在预加荷载为 650 kPa 的情况下,随着中心柱尺寸的增大,中心柱作用面所承受的竖向应力由 1 188 kPa 增大到 1 579 kPa,产生的竖向变形为 2.690 ~ 4.660 mm,说明在预加荷载 650 kPa 和给定参数情况下,中心柱作用面的平均竖向应力最大值基本为 1 100 ~ 1 600 kPa,但是竖向变形却不同,随着中心柱尺寸的增大,中心柱作用面的竖向变形增长幅度要比中心柱作用面的竖向应力的增长幅度大。

因此可以说明,中心柱尺寸的增大对中心柱作用面的竖向变形最大值的影响要比对中心柱作用面的竖向应力最大值的影响大。

由表 4-16 还可以看出,在预加荷载为 650 kPa 的情况下,若模型尺寸为 500 mm × 500 mm × 500 mm,中心柱尺寸为 60 mm,中心荷载产生的净沉降量为 0.494 mm,比其他几种有预加荷载情况下的静沉降量要大得多,而且试样表面上离中心 3 倍于小圆面直径距离后至边界处竖向变形还没有趋于稳定,因此建议尽量不要用这个组合。另外,从表 4-17 可以看出,这个组合的试样边长与中心柱直径的比值为 8.3,而其他组合中试样边长与中心柱直径的比值的最小值为 10.0。因此,在选择试样边长与中心柱直径时,应使试样边长与中心柱直径的比值的最小值大于或等于 10.0。

当然,在同应力条件下,中心柱尺寸的一定变化对沉降量影响不大。或者可以说,在承载力允许的条件下,中心柱尺寸适当变化对竖向位移量无明显影响。

4.2.5.3 预加荷载大小的影响分析

由表 4-14 ~ 表 4-16 可以看出,在没有预加荷载和预加荷载分别为 250 kPa、650 kPa 的情况下,试样的比例极限分别为 362 ~ 397 kPa、504 ~ 537 kPa、718 ~ 775 kPa,说明随着预加荷载的增大,试样的比例极限随之增大。当然,前面已经说过,当预加荷载为 650 kPa 时,由于预加荷载较大,而使所得出的比例极限可能不是真正的拐点,供参考。

从前述还可以知道,随着预加荷载的增大,中心柱作用面的总竖向位移的最大值逐渐增大。

4.2.5.4 中心荷载大小的影响分析

由表4-14~表4-16可以看出,随着中心荷载的增大,试样的竖向应力和竖向位移都在增大,但是试样的竖向最大应力和竖向最大位移的大小主要受试样本身材料性质(即材料参数)的影响,即在其他因素不变的情况下,中心荷载再大,也不能都在试样上稳定地加上去,试样在同一极限强度附近趋于稳定。

4.2.5.5 数值仿真试验结果影响因素的综合分析

从表4-14可以看出,在没有预加荷载的情况下,试样表面距离试样中心为中心柱直径1倍的两个点的竖向位移与前一级荷载下的竖向位移相比,均明显减小,说明此时最大中心荷载下离中心水平距离为中心柱直径1倍处附近可能已有向上鼓胀现象,此时试样已经接近破坏。

从表4-17可以看出,无论哪一种试验组合,当卸荷到预加荷载时,其竖向变形都比初次加荷到预加荷载时要大,说明泥质软岩/硬土试样存在塑性变形。

从前述可以知道,有无预加荷载对试样表面的变形影响很大,在同样荷载的情况下,施加预加荷载比没有施加预加荷载试样的竖向位移要大。该现象可以根据土力学中关于地基中附加应力的计算公式(布辛内斯克公式)得到解释,见下面公式:

$$\sigma_z = \frac{3}{2\pi}\frac{1}{\left[1+\left(\frac{r}{z}\right)^2\right]^{5/2}}\frac{P}{z^2} = K\frac{P}{z^2} \tag{4-3}$$

由式(4-3)可以知道,当深度 z 值不变时,即在同一水平线上,中间的应力比两边的大;在外荷载的作用线上($r=0$),z 值愈大,σ_z 愈小;而在距作用线有一定距离,即 r 为一定时,在地表处 σ_z 趋于0,而后 σ_z 随深度有所增大,自某一深度 z 开始,σ_z 随深度的增大而减小,这就是土中附加应力的扩散现象。

因此,对于前面的计算来说,由于没有施加预加荷载,只在中间小圆面上施加了均布荷载,这个荷载虽然也是均布荷载,但是它相对于整个试样表面来说,可以近似看做一个集中荷载,小圆面下的土体在受这个荷载作用的同时还受周围土体摩擦力的影响,其附加应力符合上述公式,随着深度的增大在减小,而对于有预加荷载的计算来说,由于整个试样表面施加了预加荷载,在这个荷载的作用下,整个试样表面包括小圆面均匀下沉,也相当于同荷载条件下增加了样品的负摩阻力,这就是施加预加荷载比没有施加预加荷载情况下小圆面上的竖向位移差别比较大的原因。

由表4-15及表4-16可以看出,尽管试样的模型尺寸不一致,预加荷载也不同,除了一种情况(模型几何尺寸为500 mm×500 mm×500 mm,中心柱尺寸为

60 mm)，多数试验组合中心荷载产生的净沉降量均比较接近，为0.176～0.323 mm，平均为0.271 mm，试样表面上离中心3倍于小圆面直径距离后竖向位移都趋于稳定，边界条件的影响很小。另外，从前面几种方式的计算结果来看，无论是从各个加载分级下的竖向位移还是竖向应力的等值线图，还是从它们的沉降曲线来看，小圆面的竖向位移和竖向应力从试样中心向下和向两边都逐渐增大，但是到了小圆面直径的2～3倍后，这两个指标都趋于一个稳定值。因此，从这个意义上再对照上述布辛内斯克公式的解释来说，在除了一种情况（模型尺寸为500 mm×500 mm×500 mm，中心柱尺寸为60 mm）的试样表面上，其中心柱作用面上施加中心荷载，均符合均质半无限体附加应力的基本公式的规律，整个试样表面对中心柱作用圆面来说，可以近似看做半无限体。

前面内容中，讨论了在不考虑缓冲层、不加预加荷载情况下三种约束方式下的计算结果的差异。为了使计算情况与实际情况一致起来，在考虑盖重层、施加预加荷载情况下比较计算模型在固定约束和刚壳约束作用下的计算结果的差异，现以500 mm×500 mm×50 mm的几何尺寸、中心柱尺寸为50 mm建立了泥质软岩/硬土试样的有限元几何模型，以500 mm×500 mm×50 mm的几何尺寸建立了缓冲层（中砂）的有限元几何模型，同时给试样加了一层刚性外壳，计算在预加荷载为250 kPa、中心荷载为2 000 kPa下试样的竖向应力和竖向位移情况，然后与前面固定约束的计算结果进行对比。泥质软岩/硬土试样、盖重层（中砂）以及作为刚性外壳用的刚体的材料的计算参数，见表4-5。

4.2.5.6 试样侧面固定约束和刚壳约束计算结果的对比分析

为了进行比较，现把两种情况下的计算结果列入表4-18。

由表4-18可以看出：

（1）两种约束条件在各级荷载作用下，它们的竖向应力和竖向位移大小基本一致。刚壳约束条件下的最大收敛中心荷载为990 kPa，试样的最大竖向应力和竖向位移分别为1 030 kPa和1.252 mm，而固定约束条件下的最大收敛荷载为950 kPa，试样的最大竖向应力和竖向位移分别为982 kPa和1.197 mm，两者结果也已经很接近。

除了利用上述表格形式进行对比，还可以利用它们的$p \sim S$曲线对比图（见图4-48）进行对比。从图4-48可以看出，除刚壳约束条件下中心柱作用面的平均竖向应力和平均竖向位移稍大外，它们的$p \sim S$曲线基本重合，在基本相等的竖向应力作用下，竖向位移相差约1.4%，两种情况下的竖向应力和竖向位移基本一致。

（2）两种约束条件在最大加载作用下，侧向的应力和位移也基本一致。由表4-18可知，刚壳约束条件最大中心收敛荷载下试样中心处的最大侧向位移和

表 4-18　固定约束和刚壳约束计算结果对比

荷载		固定约束				刚壳约束			
		竖向位移(mm)	竖向应力(kPa)	侧向位移(mm)	侧向应力(kPa)	竖向位移(mm)	竖向应力(kPa)	侧向位移(mm)	侧向应力(kPa)
预加荷载(kPa)	250	0.842	292			0.853	329		
中心荷载(kPa)	425	0.898	458			0.909	458		
	600	0.967	595			0.982	594		
	775	1.068	788			1.084	791		
	950	1.197	982	0.004 8 ~ 0.043 5	69 ~ 594	1.212	982		
	990					1.252	1 030	0.005 6 ~ 0.051 4	30 ~ 620

注:1. 表中的结果,除侧向应力和侧向位移为范围值外,其余全部为最大值。

2. 侧向应力和侧向位移的范围值中,最大值为试样中心处的平均数值,最小值为试样侧面外表边界处的平均数值。

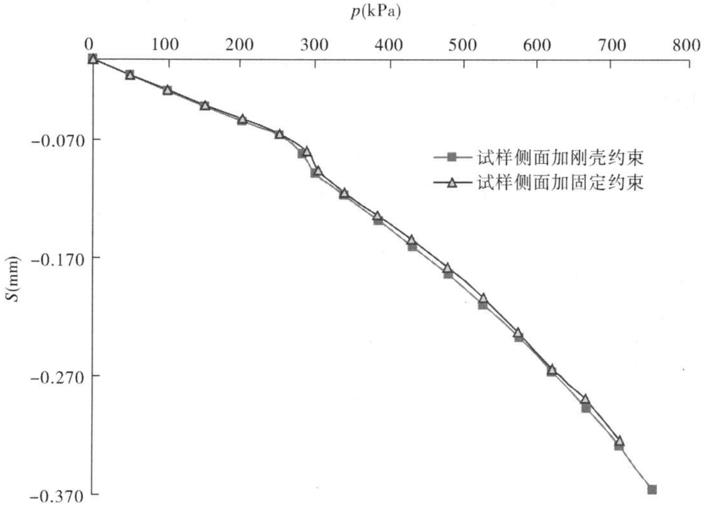

图 4-48　试样侧面加固定约束与加刚壳约束 $p\sim S$ 曲线对比

最大侧向应力分别为 0.051 4 mm 和 620 kPa,试样侧面外表边界处的最大侧向位移和最大侧向应力分别为 0.005 6 mm 和 30 kPa,而固定约束条件最大中心收敛荷载作用下试样中心处的最大侧向位移和最大侧向应力分别为 0.043 5 mm 和 594 kPa,试样侧面外表边界处的最大侧向位移和最大侧向应力分别为 0.004 8 mm和 69 kPa,两者结果非常接近。

另外,从前述可以知道,在固定约束条件下,中心荷载作用下的净沉降量为 0.323 mm,而刚壳约束条件下,中心荷载作用下的净沉降量为 0.365 mm,后者的净沉降量稍大一些；在固定约束条件下，试样的比例极限为536.8 kPa，而刚壳约束条件下试样的比例极限为531.2 kPa，比较起来两者相差约1%，两者的大小基本相等。

另外，从4.2.5.1部分对边界条件问题的讨论可以知道，从各种分析的竖向应力、竖向位移和侧向位移、侧向应力的对比来说，试样侧面的约束方式对结果影响甚微，也说明到了小圆面直径的2~3倍的距离以外，边界条件的影响已经很小。

综上所述，固定约束和刚壳约束两种条件下的计算结果基本一致。在进行正交设计分析时，可以采用固定约束来进行分析。

4.2.6 试验影响因素分析小结

（1）在不加盖重层、不加预加荷载和给定参数的情况下，几何模型尺寸为500 mm×500 mm×500 mm，直接在试样中心直径为50 mm的小圆面上施加1 500 kPa的荷载，对试样侧面采用不加约束、刚壳约束及固定约束三种约束方式进行计算的结果表明，中心柱作用面的竖向应力和竖向位移基本一致，$p \sim S$曲线对比显示，固定约束情况下，中心柱作用面的竖向应力和竖向位移与不加约束情况下中心柱作用面的竖向应力和竖向位移更接近些，刚壳约束条件下中心柱作用面的竖向应力稍大。

（2）在试样表面铺设50 mm厚的缓冲层、施加250 kPa的预加荷载和给定参数的情况下，几何模型尺寸为500 mm×500 mm×500 mm，在试样中心直径为50 mm的小圆面上施加2 000 kPa的中心荷载，对试样侧面采用刚壳约束及固定约束两种约束方式进行计算的结果表明，两种约束条件下中心柱作用面的竖向应力和竖向位移大小基本一致，$p \sim S$曲线对比显示，除刚壳约束条件下中心柱作用面的最大竖向应力和最大竖向位移稍大外，它们的$p \sim S$曲线基本重合，两种情况下的竖向应力和竖向位移基本一致。

（3）几何模型尺寸越大，预加荷载作用下中心柱作用面的平均竖向位移占总竖向位移的比例越大，因此在施加相同预加荷载的情况下，几何模型尺寸越大，中心柱作用面的竖向位移也越大，但5倍直径以外，影响已不明显。

（4）随着中心柱尺寸的增大，中心柱作用面的竖向变形增长幅度要比中心柱作用面的竖向应力增长幅度大，因此中心柱尺寸的增大，对中心柱作用面的竖向变形最大值的影响要比对中心柱作用面的竖向应力最大值的影响大。

（5）在选择试样边长与中心柱直径时，建议一定要使试样边长与中心柱直径的比值的最小值大于或等于10。

（6）在没有预加荷载和预加荷载分别为250 kPa、650 kPa的情况下，试样的比例极限分别为362~397 kPa、504~537 kPa、718~775 kPa，说明随着预加荷载的增大，试样的比例极限随之增大；随着预加荷载的增大，中心柱作用面的竖向应力和竖向总位移随之增大。

(7)尽管随着几何模型尺寸、中心柱尺寸及预加荷载和中心荷载的变化，中心柱作用面的竖向应力和竖向位移都在变化，但是从计算结果看，多数试验组合中心荷载产生的中心柱作用面的净沉降量均比较接近，为0.176～0.323 mm。

(8)随着中心荷载的增大，试样的竖向应力和竖向位移都在增大，但是试样的竖向应力和竖向位移的大小主要受试样本身材料性质即材料参数的影响，即当其他因素不变的情况下，中心荷载再大，并不能都在试样上加上去，试样产生的是大变形，试样在同一强度附近趋于稳定。

(9)无论哪一种试验组合，当卸荷到预加荷载时，其竖向变形都比初次加荷到预加荷载时要大，说明泥质软岩/硬土试样在一定应力条件下会存在塑性变形。

4.3 室内载荷仿真试验

4.3.1 试验模型设计

4.3.1.1 试验的工程原型

1)坝址区地形地质条件

西霞院工程坝址区属丘陵区，地形上为黄土类土覆盖，具类黄土地貌特征。黄河流向为南东向，黄河河谷呈宽浅“U”形，谷底宽约3 050 m，主河槽宽约600 m，平水期河水位为120～121 m。

主河槽两侧分布有高低漫滩，滩面较宽阔。左岸漫滩宽度约750 m，滩面高程一般为124～127 m；右岸漫滩宽1 500～1 700 m，滩面高程一般为123.5～126.5 m。两岸为Ⅱ级阶地，发育基本对称。左岸阶面较平坦，宽约1 500 m，高程一般为145～150 m，中部稍低，两缘稍高。右岸阶面高程一般为155～170 m，宽为1 500～2 000 m，由南向北向河床方向逐渐降低。

电站厂房位于右岸滩地，其北侧安装间邻近黄河，距黄河岸边约150 m，滩地高程一般为124～124.4 m。

工程近坝区的地层可分为第四系覆盖层和下伏的上第三系地层。工程区的上第三系地层属洛阳组河湖相地层，是电站厂房的主要地基，该层与第四系呈角度不整合接触，上第三系地层有以下主要特点：岩、土性质并存，岩性相变大，强度跨度大，产状不清晰，标志层不明显，小构造比较发育等。上第三系地层的岩性十分复杂，主要有砂质软岩/硬土、泥质软岩/硬土，局部夹砂砾层、砂卵(砾)石层、砂砾岩、钙质砂岩、泥质粉砂岩、粉砂质黏土岩等。

该区发育的可见断层有 F13 断层、F34 断层、F35 断层及 F21 断层，其中 F13 断层、F34 断层、F35 断层三条断层均错断 Q_2 砂卵石层，走向近于平行，基本控制本区构造格局。

2）工程布置及主要建筑物

根据西霞院反调节水库工程规模，工程等级为大（2）型Ⅱ等工程，主要建筑物大坝、电站、泄洪闸、排沙建筑物、王庄引水闸及灌溉引水闸定为 2 级建筑物，防洪标准按百年一遇洪水设计，校核洪水标准为 5 000 年一遇。

考虑黄河多泥沙的特点和工程运行要求，采用泄洪、排沙和发电建筑物集中布置在中部，大坝布置在左右两侧的总体布置方式。

大坝：西霞院工程布置采用土石坝，坝长约 2 600 m，土石坝采用砂卵石坝壳斜墙坝，坝顶高程 139.0 m，最大坝高 21.0 m。坝上游设壤土铺盖与斜墙相连进行防渗，见图 4-49。

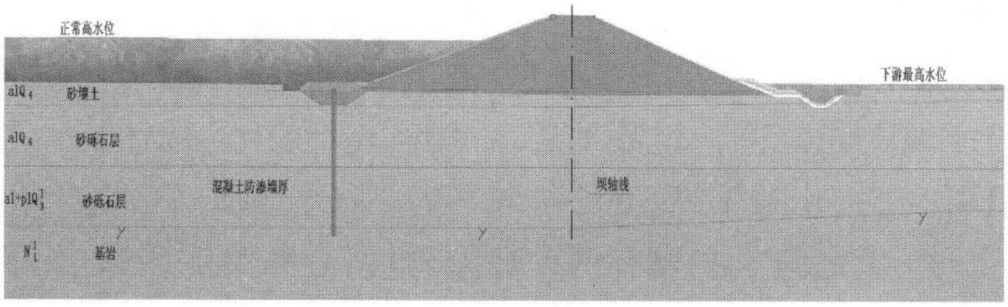

图 4-49　西霞院工程大坝简图

泄洪闸：工程的泄洪建筑物，汛期限制水位 131 m 时，下泄 5 000 m^3/s，校核洪水位 134.7 m 时，下泄 12 740 m^3/s。设 21 孔，底流消能，见图 4-50。

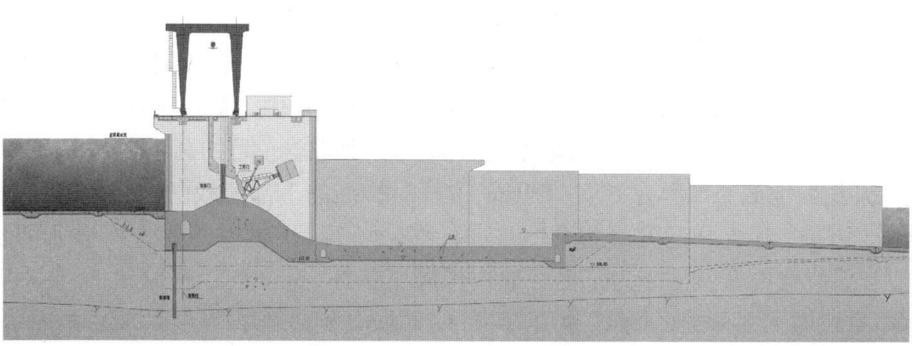

图 4-50　西霞院工程泄洪闸简图

水电站：水电站为径流式河床电站，装机容量 140 MW。采用轴流转浆式水轮机组，单机容量 35 MW，采用一机一缝型式。机组进水口高程 114 m，每台机组进水口下方布置一孔冲沙底孔，见图4-51。

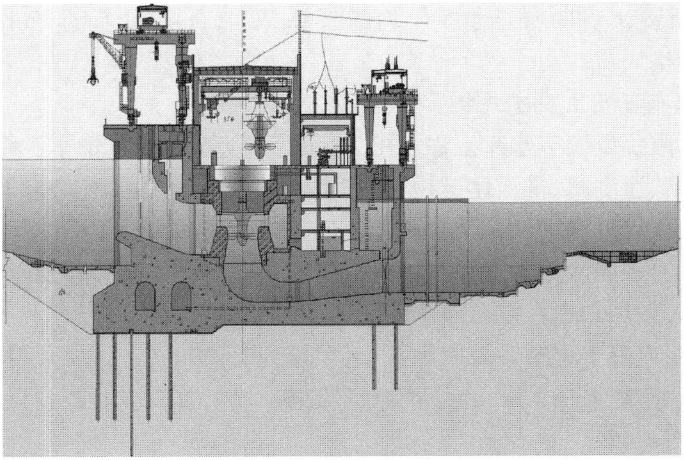

图4-51 西霞院工程电站布置简图

3）电站地基

电站厂房地基主要为上第三系地层，成岩时间短，强度低，变形大，岩、土性质并存，是介于岩与土之间的过渡地层，称为软岩/硬土。总体特点是含水率高、干密度低、孔隙比大、孔隙率高、变形模量较小，物理性质参数与土相近，强度与变形参数介于岩、土之间。主要有两种典型岩性：一种是泥质软岩/硬土，另一种是砂质软岩/硬土，界限不清晰。

4.3.1.2 试验模型的建立

根据工程的实际情况，需建立一个试验模型，目的是了解电站地基的变形特征和承载能力，以及电站地基在电站集中荷载的作用下地基周边的变形情况，甚至包括对邻近其他建筑物的影响程度。

根据这种研究思路，首先要确定坝址地基模型，以电站地基为例，从电站地基的第三系地层中取原状样品来模拟电站地基；电站的集中荷载用千斤顶出力来模拟，千斤顶下面放置钢柱来代替电站的底面；考虑到取样位置的高程为95～100 m，基坑开挖前地面的高程为127～129 m，取样时样品的上部荷载已经卸去，同时根据施工工序，基坑开挖到高程90 m，进行部分填筑后，周边还要进行砂砾石回填，上部荷载再度恢复。为了更好地模拟施工工序，更接近工程原状，需要对试验样品施加上部荷载（简称“预加荷”），使其恢复到砂砾石垫层回填后的状态。预加荷的施加由柔性加压系统来完成，用柔性垫层来模拟砂砾石盖层。

根据试验设备的现状，样品的尺寸定为500 mm×500 mm×500 mm的立方体，又根据载荷仿真试验参数敏感性分析结果，中心钢柱尺寸定为直径50 mm，使试样相对于中心荷载满足半无限体的要求。最终试验模型确定如下：

试件含水状态:饱水;
柔性垫层材料:砂质软岩/硬土;
柔性垫层厚度:50 mm;
中心钢柱尺寸:直径 50 mm;
试件尺寸:500 mm×500 mm×500 mm;
试件周围约束条件:试件侧面和底面由钢板约束。

4.3.2 试验操作和测试系统

4.3.2.1 设备的盖重加压系统

本次试验采用的盖重加压系统安装示意图如图 4-52 所示,是在试件表面平铺一层柔性盖层(地基砂)(见图 4-53),厚度为 50 mm。预压荷载就是通过此系统来完成的。压力机将力 F 传给钢架后,钢架又通过钢板将力传递给柔性垫层,最终柔性垫层将力均匀地施加在试件的上表面上(见图 4-54)。当预加荷载为 0 时,不再铺设柔性垫层,其中钢架被支起,凌空于试样上表面,钢架与压力机上承压板接触紧密。

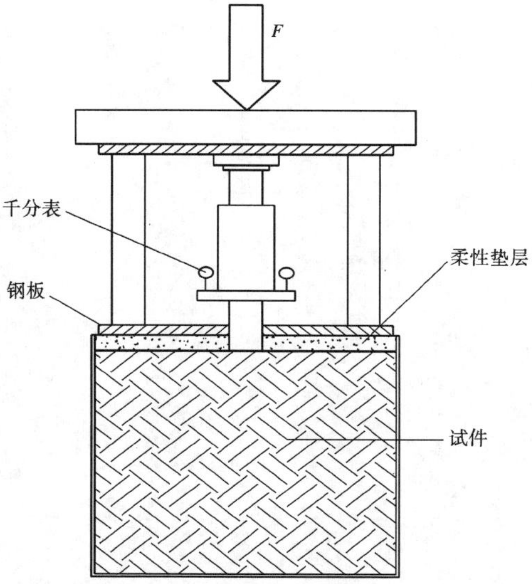

图 4-52　盖重加压系统示意图

4.3.2.2 试件表面变形测试系统

本次试件表面变形测试系统示意图如图 4-55 所示,测试由 12 支精度为 0.5‰、量程为 10 mm 的传感器来完成,该传感器由北京中水科水电科技开发有限公司提供,通过专用数据采集仪完成数据的采集(原设计曾明确采用光纤进行微变形测量,经近两年研究,没有解决光纤断裂问题,调整为现方案)。

图 4-53　试验人员在铺设盖重垫层

图 4-54　压力机在通过钢架施加预加荷载

12 支高精度传感器距中心柱中心的尺寸为:传感器 1、5、9 距中心 52 mm,传感器 2、6、10 距中心 87 mm,传感器 3、7、11 距中心 127 mm,传感器 4、8、12 距中心 177 mm。其中,传感器 1、2、3、4、9、10、11、12 在同一直线 L_1 上布置,传感器 5、6、7、8 布置在同一直线 L_2 上，$L_1 \perp L_2$。具体布置见图 4-55。高精度传感器按照钢板上各测点位置预设的直径为 8 mm 的小孔深入传感器探杆，在探杆深入前，安装图如图 4-56 所示，在钢板预设的小孔内设置薄壁钢管，使钢管底部接触试样上表面，然后在钢管底部放入直径和薄壁钢管内径相当的高度为 10 mm 的有机玻璃柱来传递试样表面的变形。传感器探头和有机玻璃柱接触良好并调整到合适量程后通过特制的固定装置固定在钢架上，如图 4-57 所示。

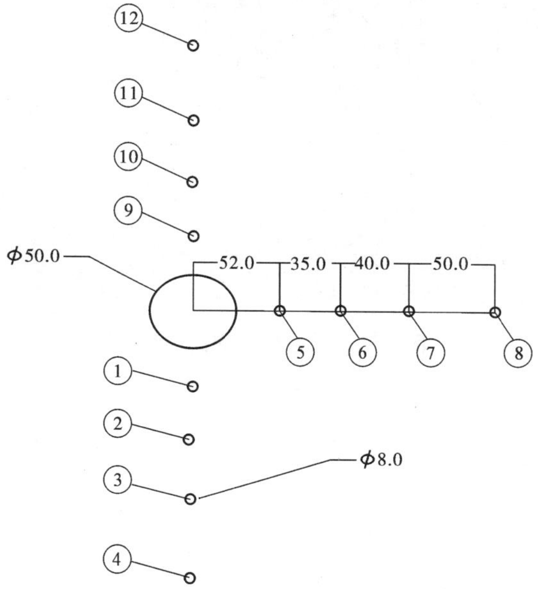

图 4-55　传感器各测点布置　（单位：mm）

4.3.2.3　试验的整体操作和测试系统

本次试验整体操作和测试系统示意图见图 4-58、图 4-59。先由压力机将预压荷载（预加荷载为 0 的省去本操作步骤）通过盖重加压系统作用在试件上，在压力机出力的同时，通过液压油泵使千斤顶出力，使钢柱作用在试件上的荷载和整个预加荷载值相同。通过百分表 1、百分表 2 按规定测定预加荷载加压稳定，稳定采用变形控制，稳定标准采用相对稳定法，即每施加一级荷载，待沉降速率达到相对稳定后加下一级荷载。自加荷开始，按照 10 min、10 min、10 min、15 min、15 min 观测，以后每隔 30 ~ 60 min 观测 1 次，直至 1 h 的沉降量不大于 0.1 mm。预加荷载稳定后，千斤顶开始分级出力，进行载荷试验。同时，由试样表面变形测试系统完成试样表面的变形测试。刚性承压板的沉降变形由千分表 1、千分表 2 测定，见图 4-60，仿真试验整体工作图见图 4-61。

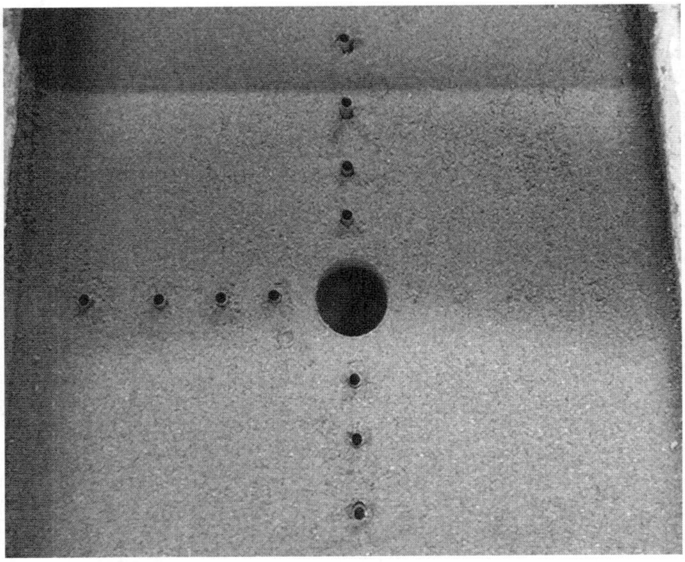

图 4-56　试验中薄壁钢管布置

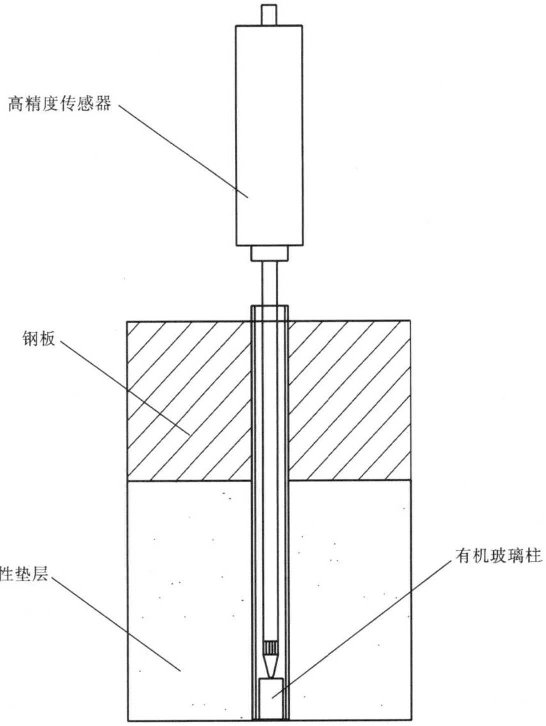

图 4-57　传感器测量安装示意图

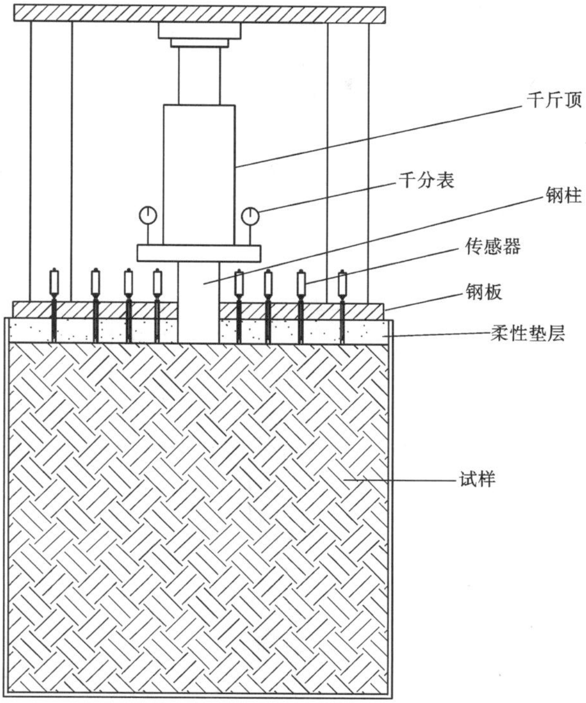

图 4-58　传感器安装示意图

图 4-59　传感器安装固定图

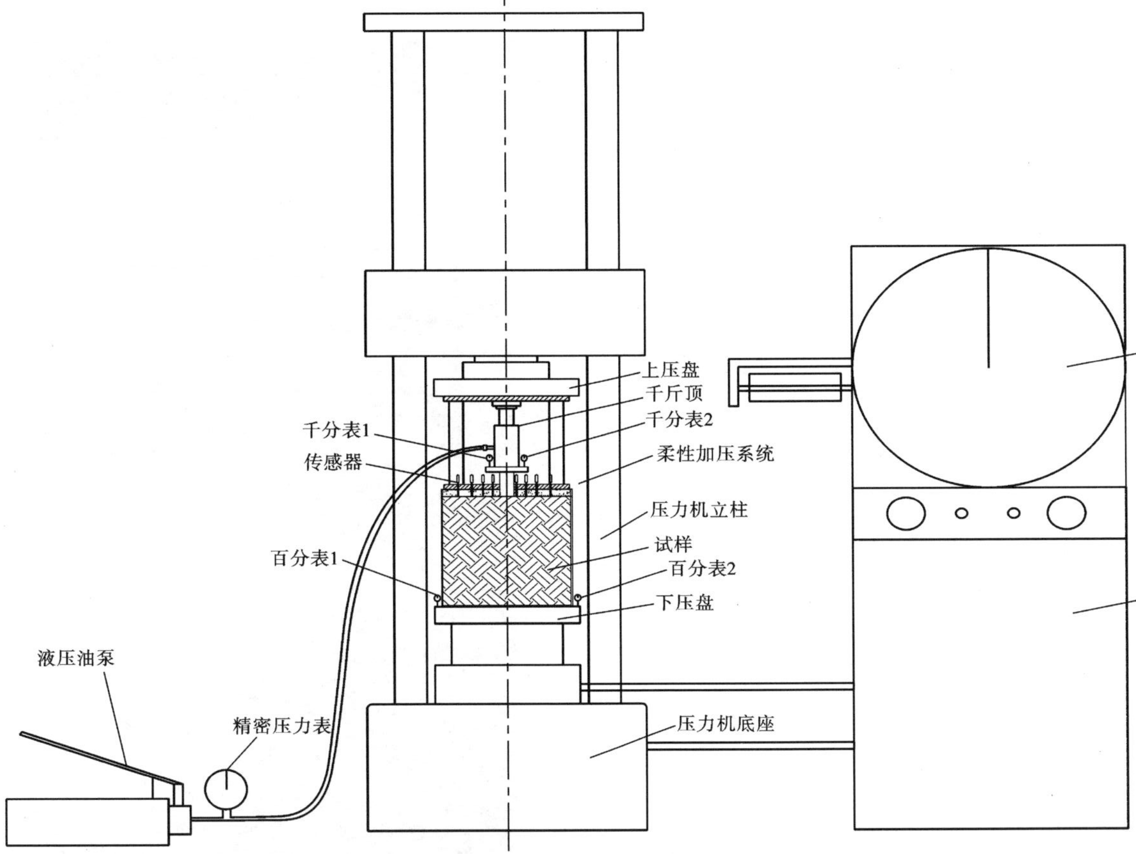

图4-60 载荷仿真试验整体系统安装示意图

图 4-61　载荷仿真试验整体工作图

4.3.3　基本试验工作量

基坑开挖后电站厂房地基主机段主要为泥质软岩/硬土和砂质软岩/硬土，在前述研究中可以看到，砂质软岩/硬土在两种标准条件下的试验结果无明显差别，主要为通过新的试验方法研究进一步寻求规律。而泥质软岩/硬土变形指标本身就有较大的不确定性，或称为有较大差距，从而成为本次研究的重点，但由于取样条件的限制，分别采取砂质软岩/硬土和泥质软岩/硬土样品各 4 组进行本次试验方法的研究。

为进一步研究砂质软岩/硬土样品的变形规律，其中砂质软岩/硬土样品在试验后进行重塑再进行一次对比试验。各组试样的预加荷载也根据工程的实际情况而分级设置。工作量和预加荷载的分配详见表 4-19。原状砂质软岩/硬土简称砂质软岩/硬土，原状泥质软岩/硬土简称泥质软岩/硬土，重塑砂质软岩/硬土简称重塑砂。

4.3.4　载荷仿真试验标准及方法

4.3.4.1　试验标准

本次试验是参考《水利水电工程岩石试验规程》（SL 264—2001）和《土工试验规程》（SL 237—1999）中平板载荷试验的主要方法而确定的。

表 4-19　试验工作量和预加荷载的分配

序号	样品名称及编号	预加荷载(kPa)	试验顺序
1	砂质软岩/硬土 2	220	5
2	砂质软岩/硬土 3	400	1
3	砂质软岩/硬土 4	600	2
4	重塑砂 1	300	6
5	重塑砂 2	0	7
6	重塑砂 3	500	3
7	重塑砂 4	650	4
8	泥质软岩/硬土 1	0	8
9	泥质软岩/硬土 2	400	9
10	泥质软岩/硬土 3	0	11
11	泥质软岩/硬土 4	600	10

4.3.4.2　试验方法和步骤

1)样品的制备

在电站地基开挖到高程 95 ~ 100 m 时,分别取泥质软岩/硬土和砂质软岩/硬土的典型样品。样品采用四周开挖的方法取得,尺寸为 500 mm × 500 mm × 500 mm,然后装入钢板箱中,完全密封后运回实验室。试验前,对样品进行饱和处理,并对试样上表面进行整平。砂质软岩/硬土样品试验完毕后进行重塑,重塑采用质量体积均等的方法,分 5 层进行重塑。

2)具体方法和步骤

(1)用钢架将饱和试件置于压力机上承压板和下加压板的中央,然后在试件表面平铺一层柔性较好、较薄的塑料膜(保鲜膜),面积要和试件表面大小相当。再将盖重材料平铺在试件表面,厚度为 50 mm(四周混凝土上面按实际宽度平铺 40 mm 的泡沫板)。

(2)将钢架底板置于盖重材料上面,安装千斤顶出力系统,安装千分表 1、千分表 2,百分表 1、百分表 2。

(3)分 3 级施加预加荷载,施加 1 级后立即测读所有千分表、百分表的读数,以后每隔 10 min 读数一次,当百分表各测表相邻两次读数之差与同级荷载下第一次读数和前一级荷载下最后一次读数差之比小于 5% 时,可施加下一级荷载。在压力机出力的同时,通过液压油泵让千斤顶出力,使钢柱作用在试件上的荷载和整个预加荷载值相同。

(4)预加荷载施加完毕后,保持荷载稳定,安装数据采集系统,将 12 支传感器按照图 4-60 安装并固定好,并对传感器测量系统进行调试和调零。

(5)千斤顶按照压力表加压表开始施加荷载,加载采用变形控制。稳定标准采用相对稳定法,即每施加一级荷载,待沉降速率达到相对稳定后加下一级荷载。自加荷开始,按照 10 mim、10 mim、10 mim、15 mim、15 min 观测,以后每隔

30 ~ 60 min 观测 1 次,直至 1 h 的沉降量不大于 0.1 mm(泥质软岩/硬土为 0.05 mm),只计算千分表 1、千分表 2。

(6)12 支传感器每 10 s 自动采集一次,保证数据的准确性和连续性。

(7)当试验出现下列情况之一时,试验可终止:

①在本级荷载下,沉降急剧增加,钢柱(承压板)周围出现裂缝和隆起;

②在本级荷载下,持续 24 h 沉降速率加速或近似等速发展;

③总沉降量超过承压板直径(或宽度)的 1/12;

④达不到极限荷载,超过第一拐点至少三级荷载。

(8)加载结束后分 3 ~ 5 级缓慢卸载,每级卸载后每隔 15 min 测读变形一次。卸载完成后,持续观测 3 h。

(9)试验结束后,小心移去试件表面以上各测试系统,对试件表面进行拍照,详细描述钢柱周围试样的隆起程度、位置及范围。

4.3.5 载荷仿真试验成果分析

现将试验成果整理,包括各级压力下承压板上测表平均累计沉降变形量、$p \sim S$ 曲线和 $S \sim \lg p$ 曲线及每个试件中心荷载周围的变形图结果表。其成果分别见附图 1 ~ 附图 11 及附表 1 ~ 附表 11。在本成果中规定,沉降变形向上为“+”值,向下为“-”值。各试样试验成果汇总见表 4-20。

表 4-20 各试样试验成果汇总

试样编号	预加荷载(kPa)	中心承压板施加最大荷载(kPa)	中心承压板最大沉降($\times 10^{-3}$ mm)
砂质软岩/硬土 2	220	1 380	-2 175
砂质软岩/硬土 3	400	1 800	-990
砂质软岩/硬土 4	600	1 600	-610
重塑砂 1	300	2 700	-2 636
重塑砂 2	0	400	-5 930
重塑砂 3	500	1 100	-630
重塑砂 4	650	1 150	-455
泥质软岩/硬土 1	0	600	-7 174
泥质软岩/硬土 2	400	1 450	-1 287
泥质软岩/硬土 3	0	1 530	-1 107
泥质软岩/硬土 4	600	2 100	-625

4.3.5.1 软岩/硬土极限承载力

根据《水利水电工程岩石试验规程》(SL 264—2001)和《土工试验规程》(SL 237—1999),参照《建筑地基基础设计规范》(GB 50007—2002)及《岩土工程试验监测手册》中载荷试验有关极限强度的定义,按照下列方法综合分析界定:

(1)$p \sim S$ 曲线发生明显陡降的起点(第二拐点)所对应的强度;

(2)取 $S \sim \lg p$ 曲线尾部出现明显向下弯曲的前一级强度；

(3)取 $S \sim \lg p$ 曲线出现陡降直线段的起始点所对应的强度。

根据上述极限强度的确定条件，各组样品的试验成果所对应的极限强度汇总见表4-21。

表4-21 试样极限强度汇总

试样编号	预加荷载(kPa)	极限强度(kPa)	中心荷载承压板沉降量($\times 10^{-3}$ mm)
砂质软岩/硬土2	220	980	-904
砂质软岩/硬土3	400	1 400	-380
砂质软岩/硬土4	600	1 200	-160
重塑砂1	300	1 900	-932
重塑砂2	0	300	-1 945
重塑砂3	500	800	-130
重塑砂4	650	950	-160
泥质软岩/硬土1	0	450	-1 865
泥质软岩/硬土2	400	1 150	-768
泥质软岩/硬土3	0	1 300	-649
泥质软岩/硬土4	600	1 650	-260

4.3.5.2 软岩/硬土的比例界限值

在试样试验的过程中，都出现沉降变形急剧增加的现象，从 $p \sim S$ 曲线和 $S \sim \lg p$ 曲线上可以看出有明显下弯段或陡降段(见附图1～附图11)，曲线上的比例界限值和极限荷载较明显，其破坏机制均为压缩破坏或剪切破坏，试验特征值见表4-22。

表4-22 试样比例界限值汇总

试样编号	预加荷载(kPa)	比例界限值	
		p(kPa)	S ($\times 10^{-3}$ mm)
砂质软岩/硬土2	220	430	-181
砂质软岩/硬土3	400	600	-80
砂质软岩/硬土4	600	900	-14
重塑砂1	300	800	-128
重塑砂2	0	150	-1 024
重塑砂3	500	500	-40
重塑砂4	650	450	-8
泥质软岩/硬土1	0	300	-937
泥质软岩/硬土2	400	850	-467
泥质软岩/硬土3	0	900	-391
泥质软岩/硬土4	600	1 070	-122

4.3.5.3 软岩/硬土变形模量的弹性理论解

各级压力下变形模量计算采用《水利水电工程岩石试验规程》(SL 264—2001)推荐的圆形承压板计算公式：

$$E_0 = 0.79(1 - \mu^2) d \frac{p}{S} \tag{4-4}$$

式中：E_0为对应于施加压力的变形模量，kPa；p 为施加的压力，kPa；S 为对应于施加压力的沉降量，mm；d 为承压板的直径，mm；μ 为泊松比。

试样变形模量（见表 4-23）计算参数泊松比 μ 的取值根据室内及现场试验结果，泥质软岩/硬土和砂质软岩/硬土的取值均取 0.30。试样变形模量汇总如表 4-23 所示。

表 4-23 试样变形模量汇总

试样编号	预加荷载（kPa）	比例界限值		变形模量（kPa）
		p（kPa）	S（$\times10^{-3}$ mm）	
砂质软岩/硬土 2	220	430	−181	85 394
砂质软岩/硬土 3	400	600	−80	269 587
砂质软岩/硬土 4	600	900	−14	2 310 750
重塑砂 1	300	800	−128	224 656
重塑砂 2	0	150	−1 024	5 265
重塑砂 3	500	500	−40	449 313
重塑砂 4	650	450	−8	2 021 906
泥质软岩/硬土 1	0	300	−937	11 509
泥质软岩/硬土 2	400	850	−467	65 425
泥质软岩/硬土 3	0	900	−391	82 738
泥质软岩/硬土 4	600	1 070	−122	315 255

4.3.5.4 软岩/硬土表面变形分析

由 12 支位移传感器测得的承压板外试样表面的变形结果见附表 1 ~ 附表 11，各测点位置分布和试样试验前后照片分别见图 4-62 ~ 图 4-73。绘制各组试样中心加荷时试样表面变形图（各绘 3 级荷载）分别见图 4-74 ~ 图 4-85。试验过程中最大荷载时最大变形量的位置与大小如表 4-24 所示。

表 4-24 试样承压板外最大变形量统计

试样编号	预加荷载（kPa）	最大荷载时最大变形出现位置（测试点号）	最大荷载时最大变形量（$\times10^{-3}$mm）
砂质软岩/硬土 2	220	4	81
砂质软岩/硬土 3	400	8	26
砂质软岩/硬土 4	600	4	119
重塑砂 1	300	8	31
重塑砂 2	0	12	−330
重塑砂 3	500	12	116
重塑砂 4	650	8	113
泥质软岩/硬土 1	0	6	349
泥质软岩/硬土 2	400	6	53
泥质软岩/硬土 3	0	12	−47
泥质软岩/硬土 4	600	5	29

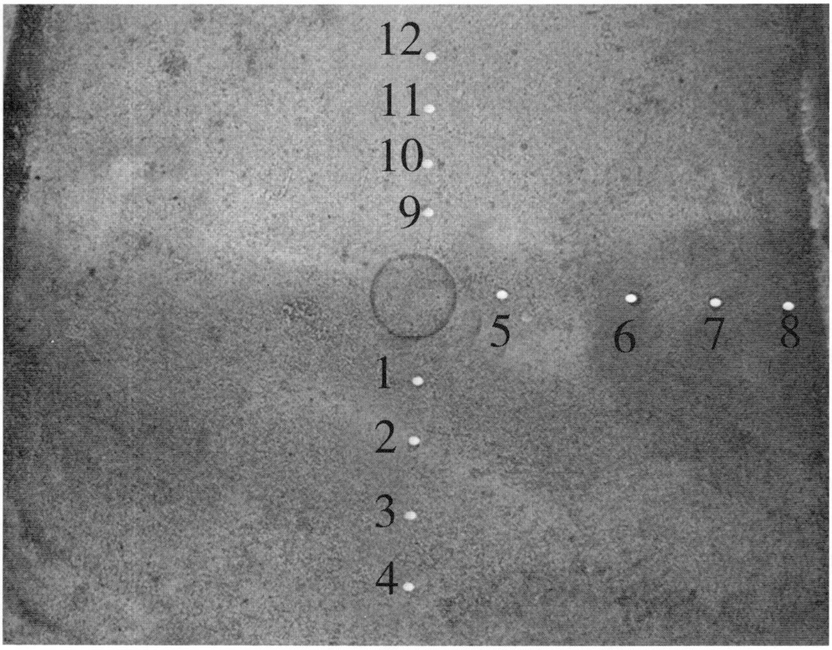

图 4-62　砂质软岩/硬土 2 试验后试样表面及测点布置

图 4-63　砂质软岩/硬土 4 试验后试样表面及测点布置

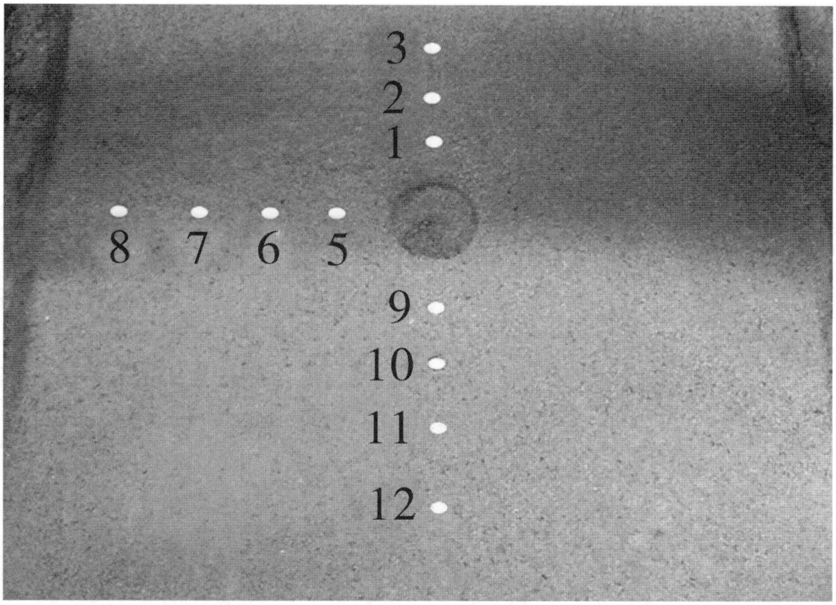

图 4-64　重塑砂 1 试验后试样表面及测点布置

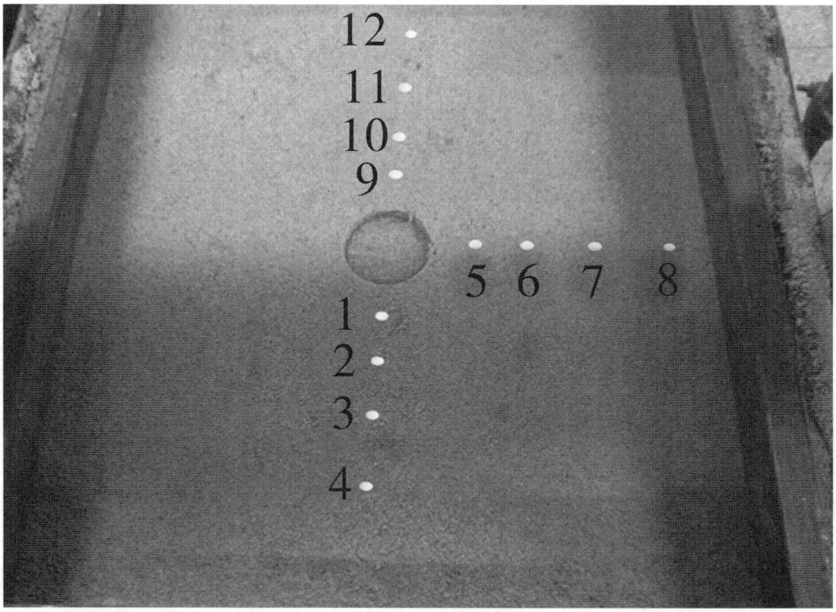

图 4-65　重塑砂 2 试验后试样表面及测点布置

图 4-66　重塑砂 4 试验后试样表面及测点布置

图 4-67　泥质软岩/硬土 1 试验前试样表面及测点布置

图 4-68　泥质软岩/硬土 1 试验后试样表面

图 4-69　泥质软岩/硬土 2 试验后试样表面及测点布置

图 4-70　泥质软岩/硬土 3 试验前试样表面

图 4-71　泥质软岩/硬土 3 试验后试样表面及测点布置

图 4-72　泥质软岩/硬土 4 试验前试样表面

图 4-73　泥质软岩/硬土 4 试验后试样表面及测点布置

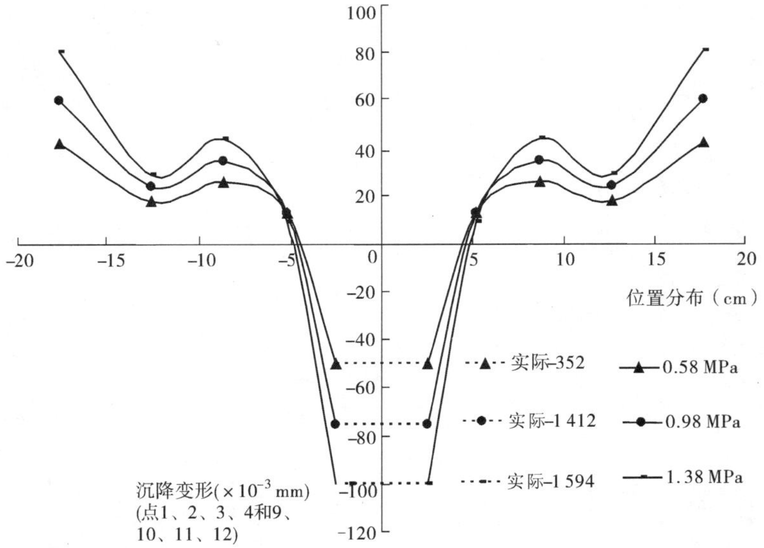

(a)砂质软岩/硬土2荷载沉降变形线

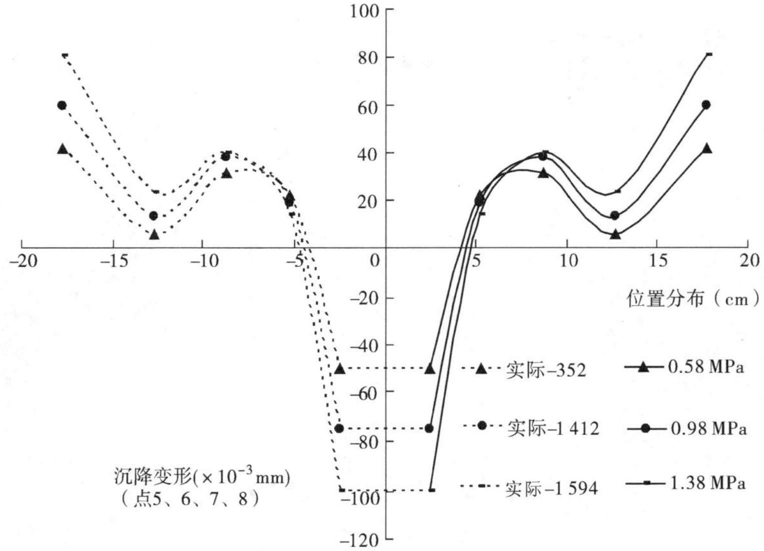

(B)砂质软岩/硬土2荷载沉降变形线

图 4-74　砂质软岩/硬土 2 中心加荷时试样表面变形(预加荷载 0.22 MPa)

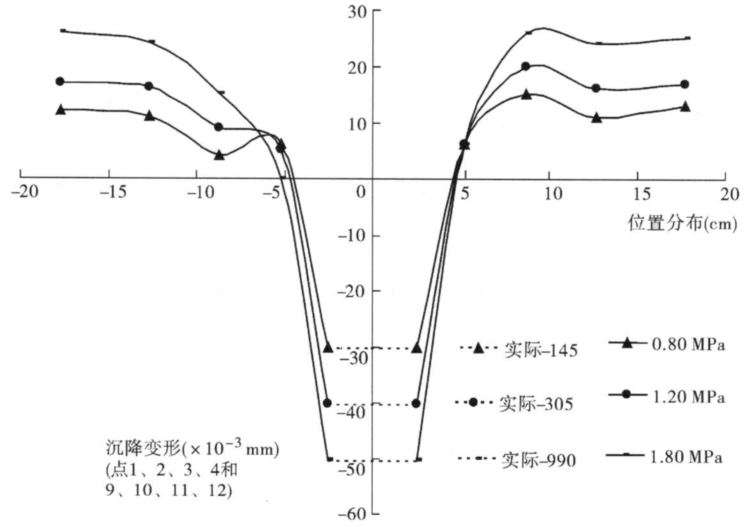

(a)砂质软岩/硬土3荷载沉降变形线

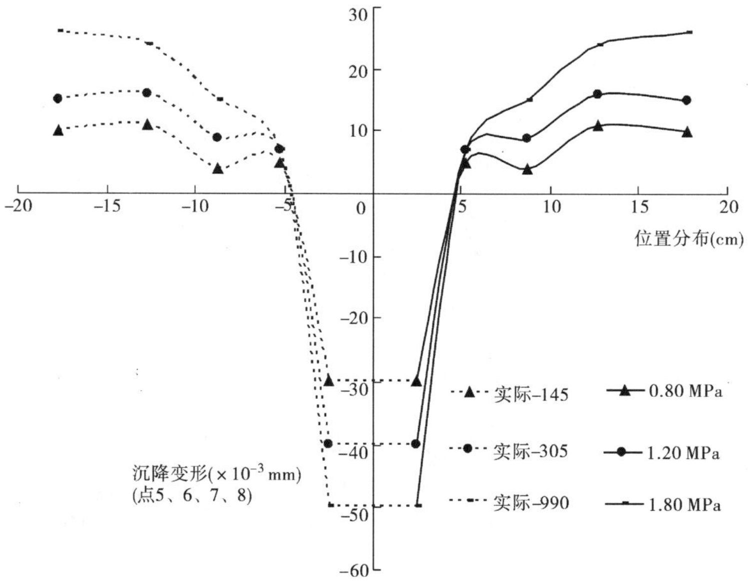

(b)砂质软岩/硬土3荷载沉降变形线

图 4-75　砂质软岩/硬土 3 中心加荷时试样表面变形(预加荷载 0.40 MPa)

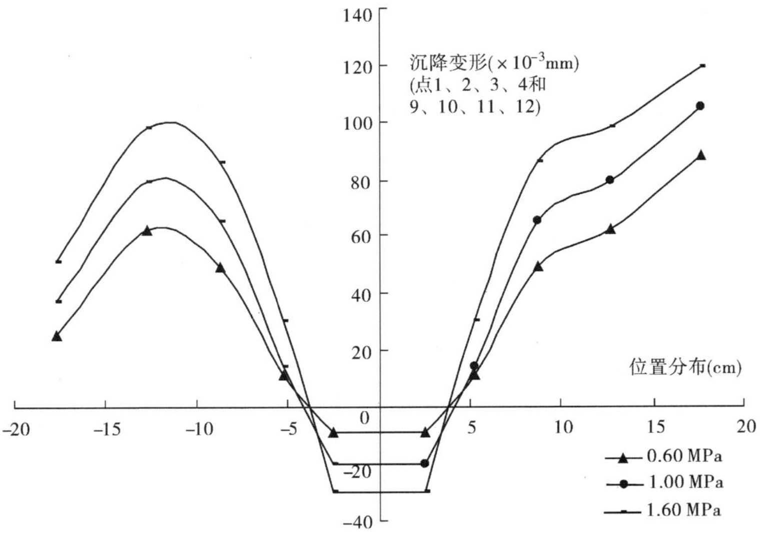

(a)砂质软岩/硬土 4 荷载沉降变形线

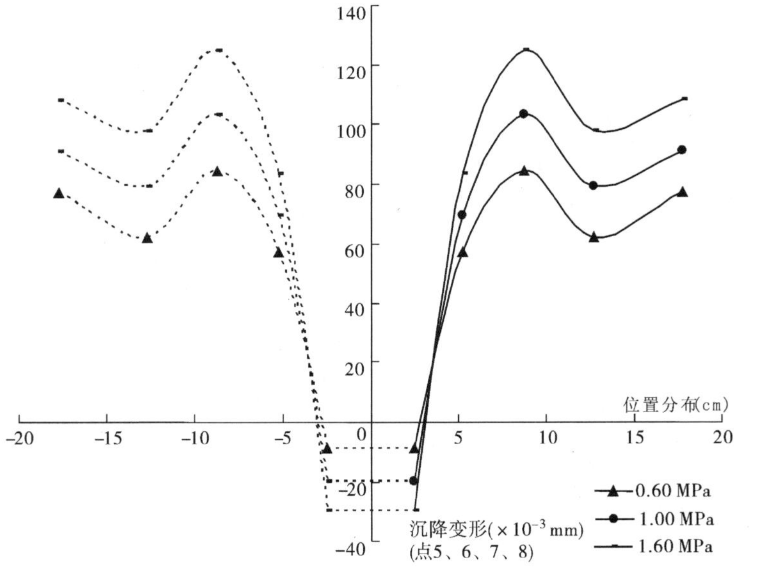

(b)砂质软岩/硬土4荷载沉降变形线

图 4-76 砂质软岩/硬土 4 中心加荷时试样表面变形(预加荷载 0.60 MPa)

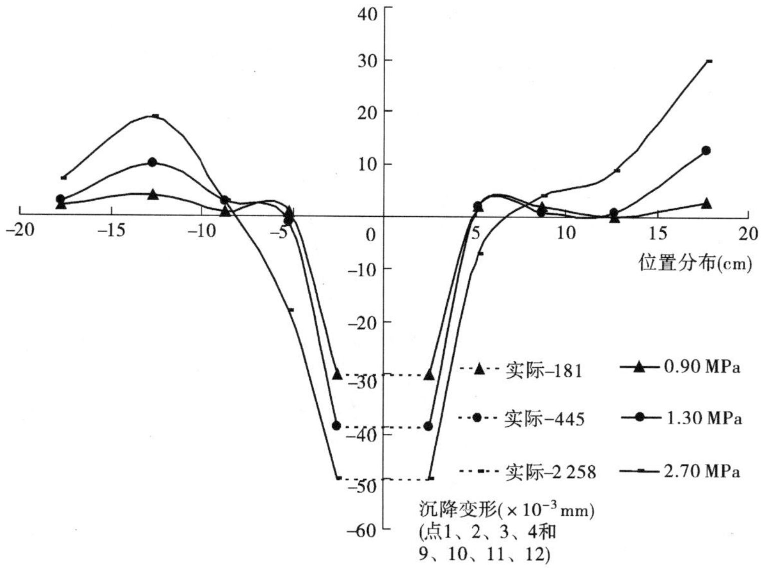

(a)重塑砂1荷载沉降变形线

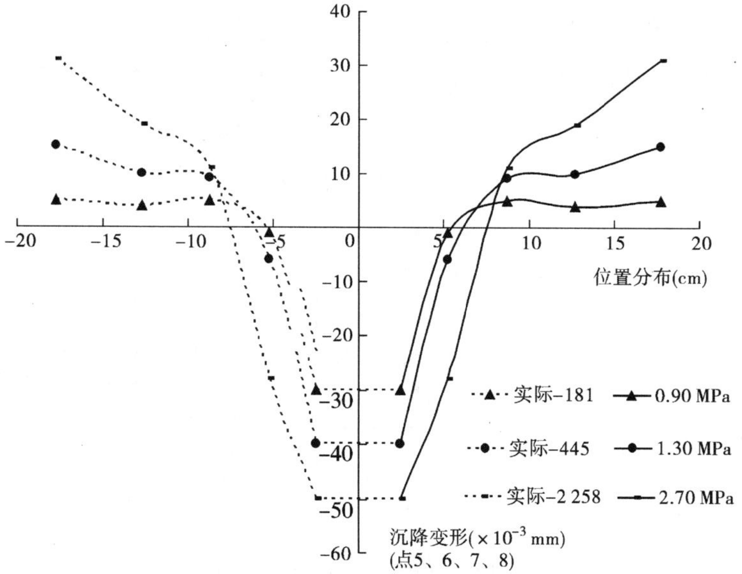

(b)重塑砂1荷载沉降变形线

图 4-77　重塑砂 1 中心加荷时试样表面变形(预加荷载 0. 30 MPa)

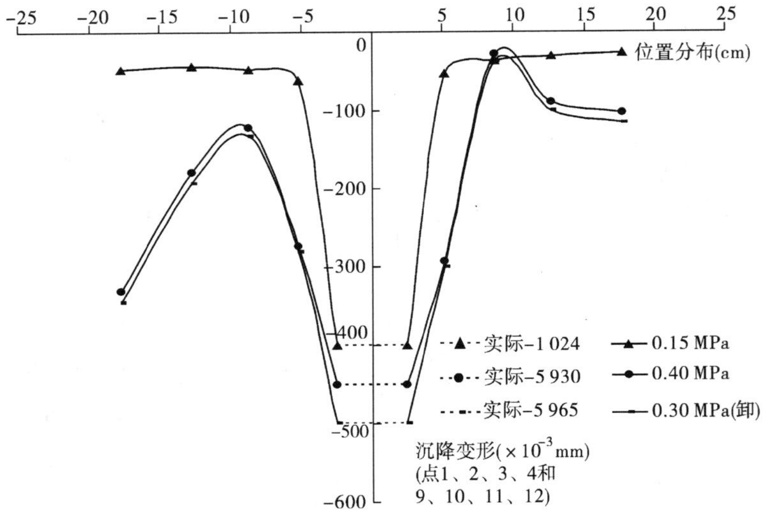

(a)重塑砂2荷载沉降变形线

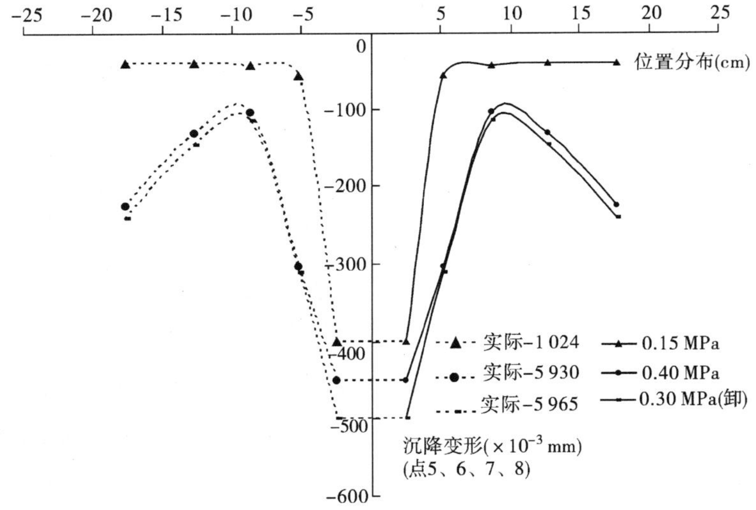

(b)重塑砂2荷载沉降变形线

图 4-78 重塑砂 2 中心加荷时试样表面变形(预加荷载 0)

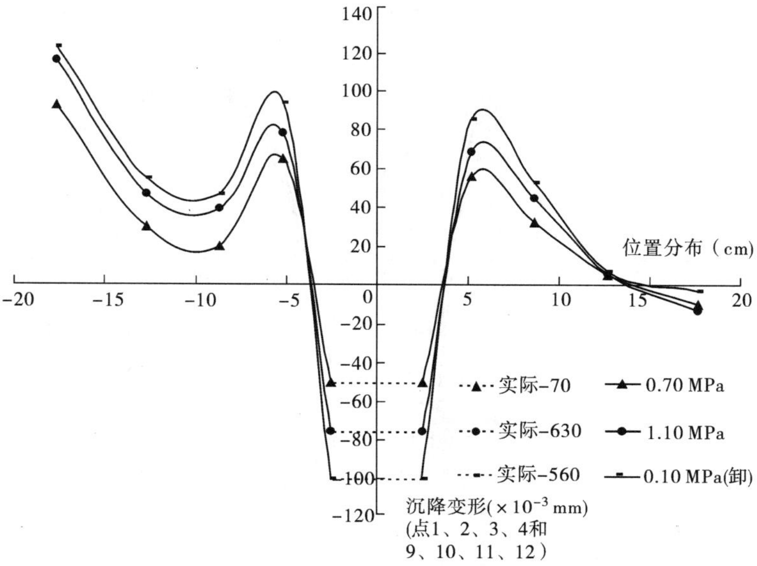

(a)重塑砂3荷载沉降变形线

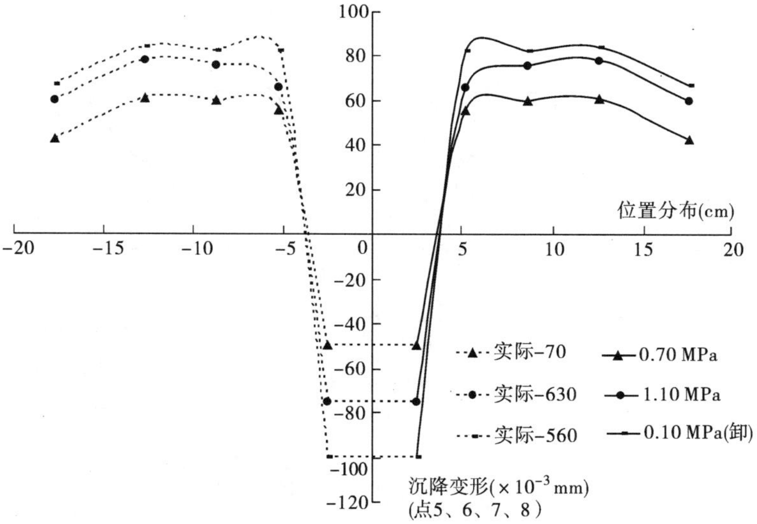

(b)重塑砂3荷载沉降变形线

图 4-79　重塑砂 3 中心加荷时试样表面变形(预加荷载 0.50 MPa)

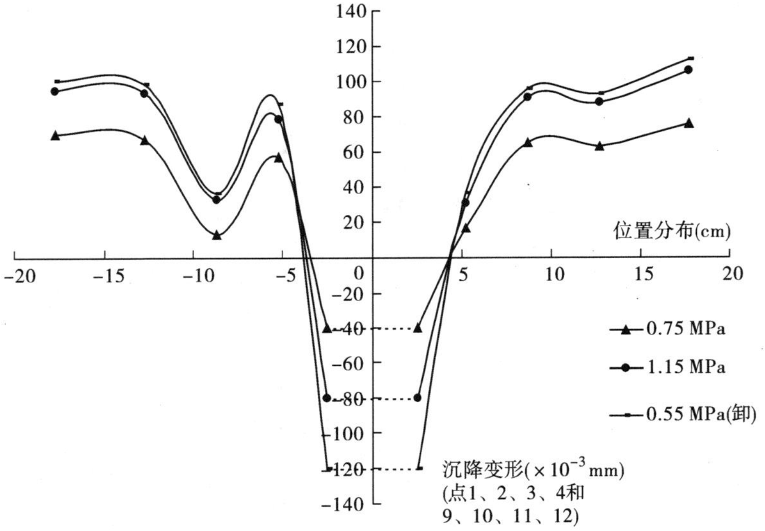

(a)重塑砂4荷载沉降变形线

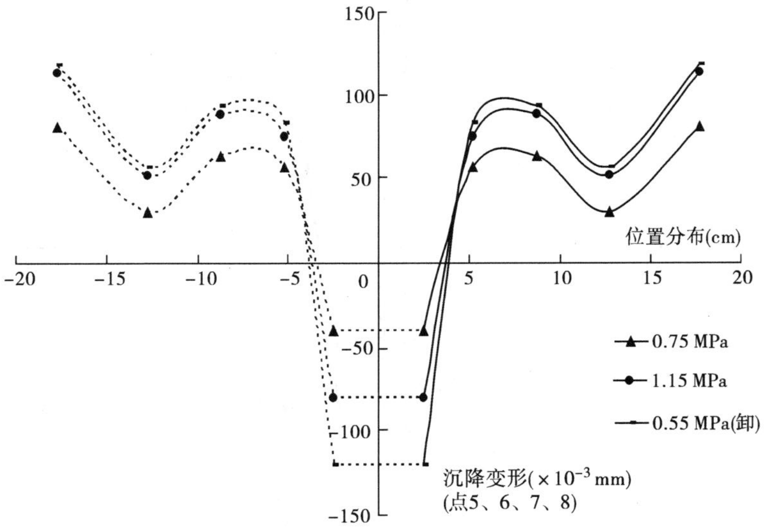

(b)重塑砂4荷载沉降变形线

图 4-80　重塑砂 4 中心加荷时试样表面变形(预加荷载 0.65 MPa)

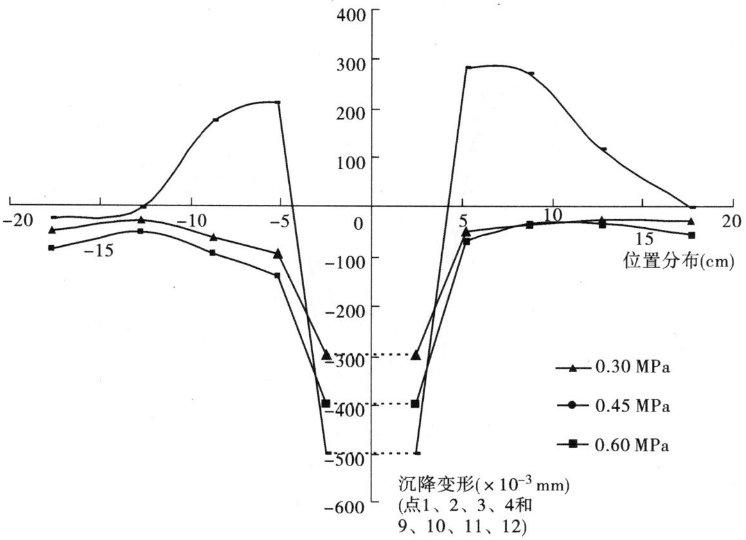

(a)泥质软岩/硬土1荷载沉降变形线

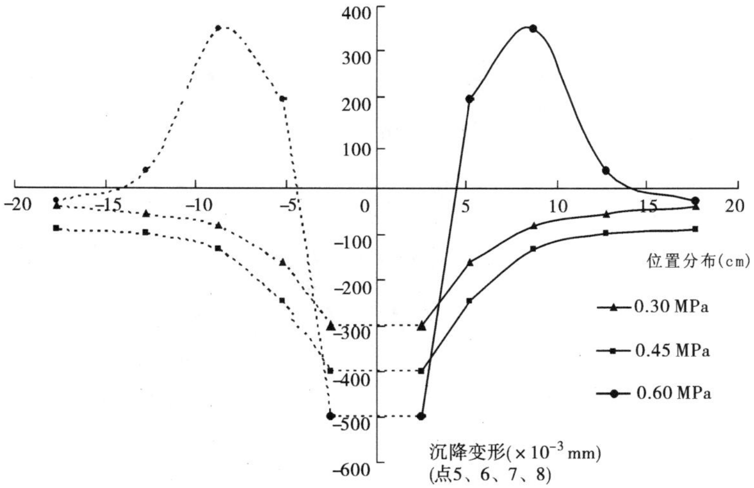

(b)泥质软岩/硬土1荷载沉降变形线

图 4-81　泥质软岩/硬土 1 中心加荷时试样表面变形(预加荷载 0)

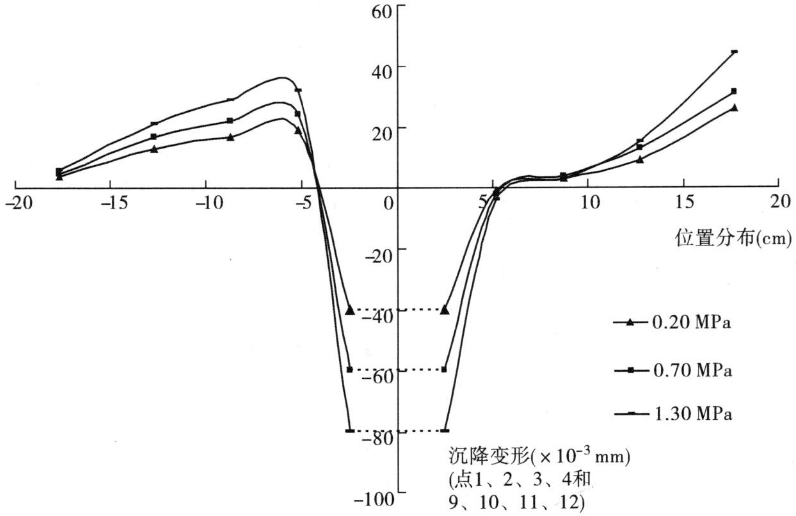

(a)泥质软岩/硬土2荷载沉降变形线

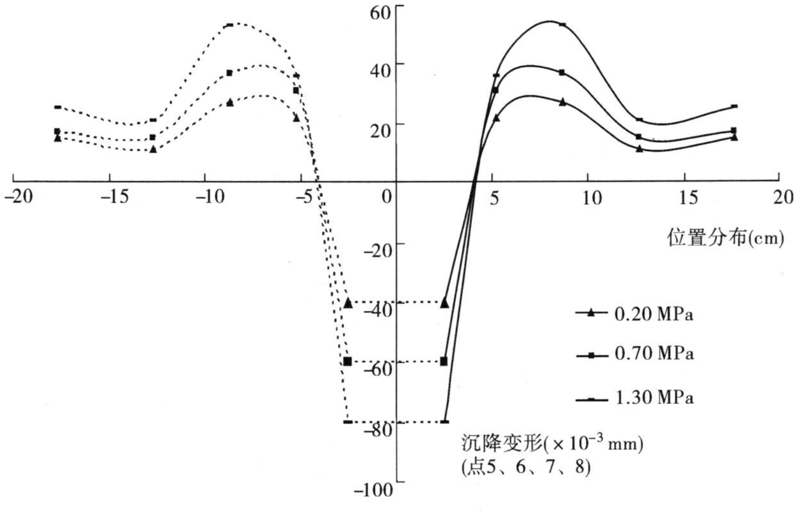

(b)泥质软岩/硬土2荷载沉降变形线

图 4-82 泥质软岩/硬土 2 中心加荷时试样表面变形(预加荷载 0.40 MPa)

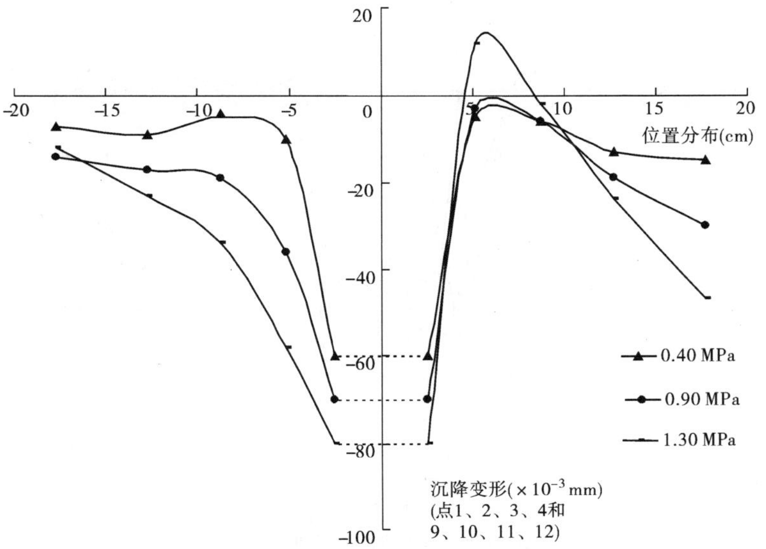

(a)泥质软岩/硬土3荷载沉降变形线

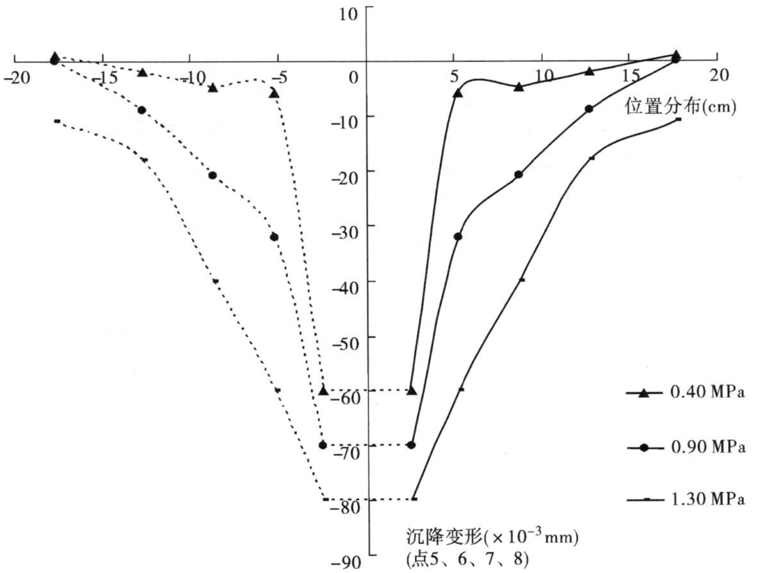

(b)泥质软岩/硬土3荷载沉降变形线

图 4-83　泥质软岩/硬土 3 中心加荷时试样表面变形(预加荷载 0)

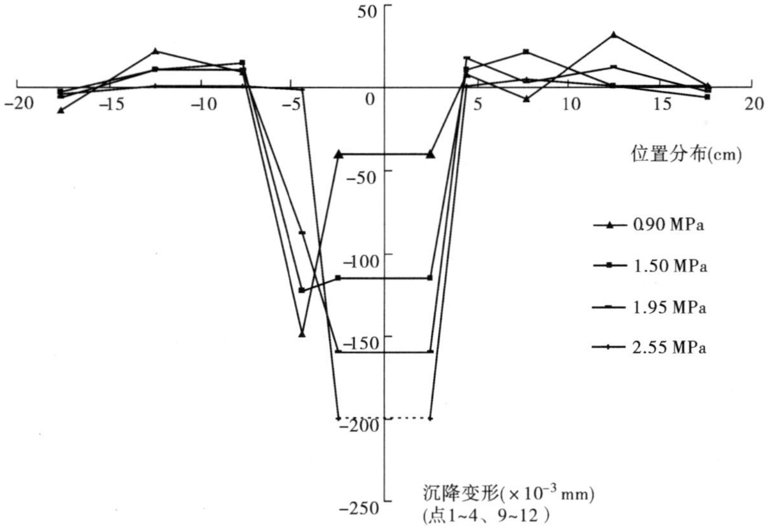

(a)泥质软岩/硬土4荷载沉降变形线

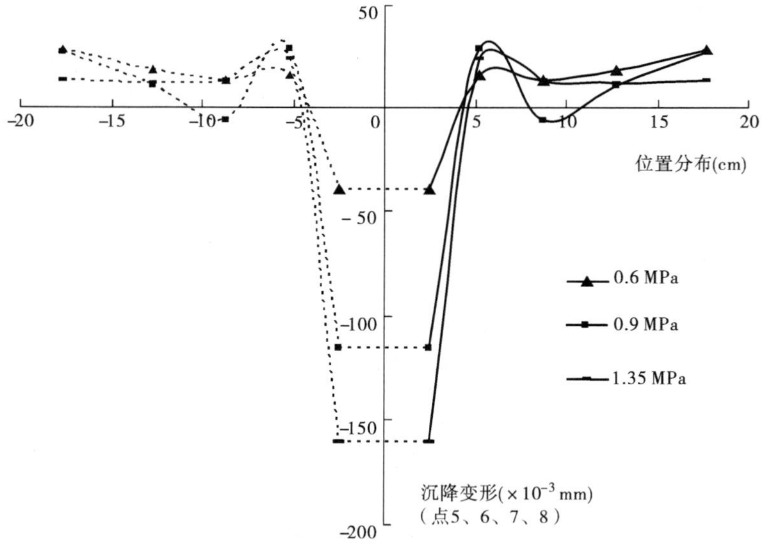

(b)泥质软岩/硬土4荷载沉降变形线

图 4-84　泥质软岩/硬土 4 中心加荷时试样表面变形(预加荷载 0.60 MPa)

4.3.6 小 结

通过试验分析得出如下结论：

(1)室内载荷仿真试验是可行的，能够成功得出软岩/硬土的极限承载力、比例界限值等特征参数。

(2)能够实现砂质软岩/硬土、重塑砂和泥质软岩/硬土在盖层覆盖下的试样表面的变形测量，可为分析软岩/硬土地基承载能力提供试验基础资料。

(3)通过预加荷载的施加可找出地基承载力补偿理论的研究途径。

(4)通过预加荷载的施加，可看到软岩/硬土的变形模量随预加荷载的增加，呈指数型增加。

(5)卸荷回弹指标不规律，应该是尺寸影响过大造成的，换句话说，这样的试验方法对地基卸荷回弹的研究意义不明确。

4.4 软岩/硬土试验结果敏感性分析

4.4.1 软岩/硬土地基的破坏特征

4.4.1.1 软岩/硬土地基极限承载力的影响因素

平板载荷试验所能反映的仅限于承压板下 1.5 ~2.0 倍承压板直径(或宽度)的深度范围内地基的应力、应变和时间之间的综合性状，因而本次载荷试验成果只适用于浅层地层，并认为承压板影响范围内的地基岩(或土)性相对均一。虽然原位载荷试验的机理复杂，应力状态难以描述，但影响和决定地基极限承载力的因素主要包括以下四个方面：

(1)岩土的容重、抗剪强度和变形特征；

(2)岩土体的节理裂隙、结构面及非均质性；

(3)基础的尺寸、形状、埋置深度和糙度；

(4)地基中的潜水位和初始应力。

4.4.1.2 软岩/硬土地基破坏机理

由于岩体不是理想的弹性体，而是具有弹性、塑性和黏性的多裂隙的非连续介质，因此在荷载作用下没有明显区别弹性变形和塑性变形的标志。这类岩体的变形破坏主要有两种类型，即脆性破坏和塑性破坏。对于西霞院电站厂房地基的泥质软岩/硬土，这类岩土体的破坏主要是在一定应力作用下发生随时间连续不断的变形，产生剪切破坏或沿已有结构面的滑动破坏或沿密集交错面发生错移的塑性破坏。

地基的破坏一般分为三种类型，即整体剪切破坏（见图 4-85（a））、局部剪切破坏（见图 4-85（b））和冲剪破坏（见图 4-85（c））。

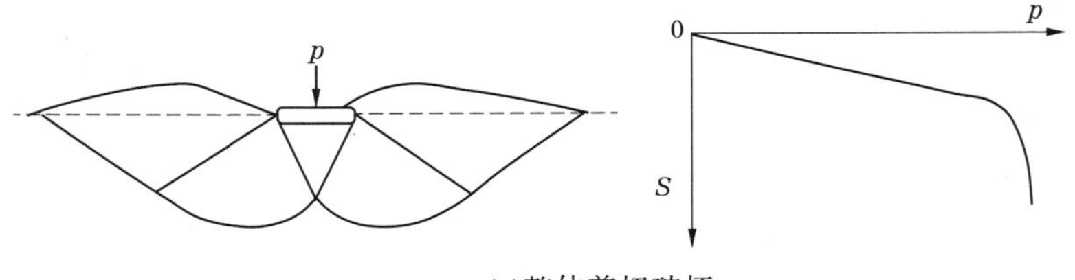

(a)整体剪切破坏

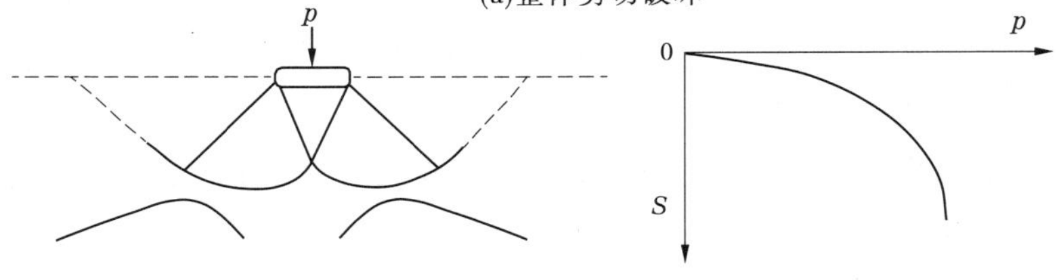

(b)局部剪切破坏

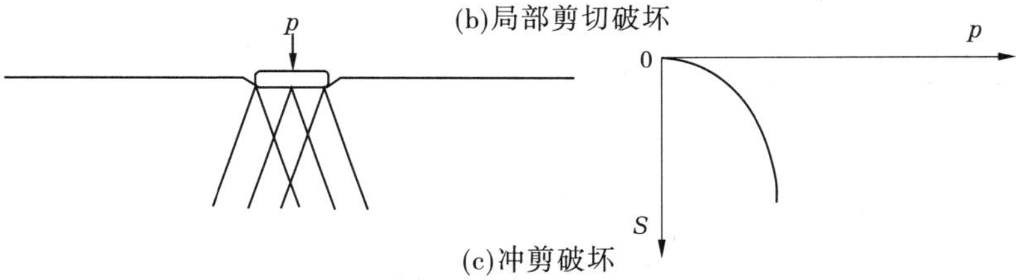

(c)冲剪破坏

图 4-85　地基剪切破坏类型及相应 $p \sim S$ 曲线

对于载荷试验用于评定地基承载力的典型 $p \sim S$ 曲线，一般可分为压密、剪切和破坏三个阶段（见图 4-86）。划分 $p \sim S$ 曲线为三个阶段的点是比例界限 p_0 和极限荷载 p_1 两个重要特征点。而对于非典型 $p \sim S$ 曲线（见图 4-85），其特征点相对不容易确定。

4.4.2　岩性对试验结果的影响

4.4.2.1　不同岩性的试验特征值

1）*砂质软岩/硬土样成果分析*

砂质软岩/硬土 2 预加荷载为 220 kPa，从压力 p 与变形 S 的关系曲线可以看出，在 0 ~ 430 kPa 段 $p \sim S$ 线性关系较好，相关系数 R 为 0.980，直线段变形模量 E_0 为 85 394 kPa，此时中心柱下沉 −0.181 mm。在 880 ~ 980 kPa 段，$p \sim S$ 曲线出现拐点，单级压力下的稳定时间延长，反映试样出现屈服状态，该试样破坏为整体剪切破坏。

砂质软岩/硬土 3 预加荷载为 400 kPa，从 $p \sim S$ 关系曲线可知，在 0 ~ 600 kPa 段 $p \sim S$ 线性关系较好，相关系数 R 为 0.981，直线段变形模量 E_0 为 269 587

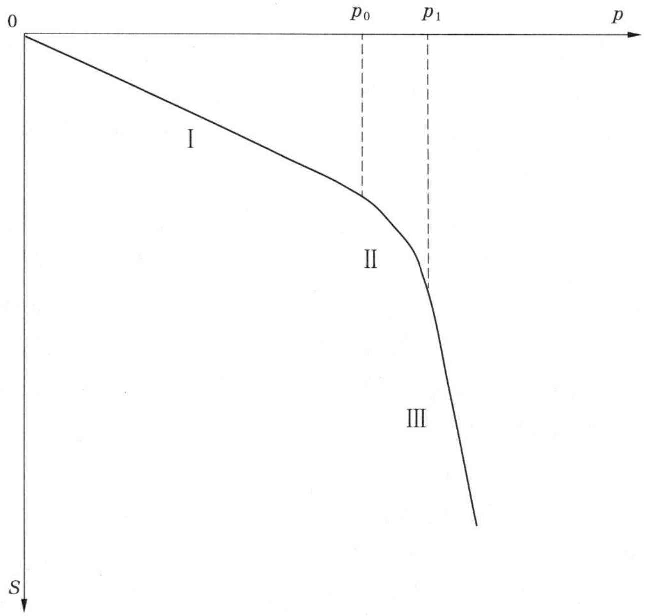

图 4-86　载荷试验典型的 $p \sim S$ 曲线

kPa,此时中心柱下沉 -0.080 mm,在 1 200 ~ 1400 kPa 段,$p \sim S$ 曲线出现拐点,之后基点急剧下沉,为整体剪切破坏。

砂质软岩/硬土 4 预加荷载为 600 kPa,从 $p \sim S$ 关系曲线可知,各特征点较为明显,但是基本上是从变形阶段直接过渡到破坏阶段,其剪切阶段不明显。在 0 ~ 900 kPa 段,$p \sim S$ 线性关系较好,相关系数 R 为 0.980,直线段变形模量 E_0 为 2 310 750 kPa,此时中心柱下沉 -0.014 mm,在 900 ~ 1 000 kPa 段,$p \sim S$ 曲线出现拐点,之后基点急剧下沉,为整体剪切破坏。由于预加荷载较大,大于先期固结应力 p_c,试样整体受荷压缩,达到超固结状态,在施加中心荷载时中心受荷点沉降量较小,变形模量较大。

2)重塑砂成果分析

重塑砂 1 预加荷载为 300 kPa,从 $p \sim S$ 关系曲线可知,各特征点较为不明显,试样为局部剪切破坏。由于该试样的加载稳定标准采用《水利水电工程岩石试验规程》(SL 264—2001)中平板载荷试验的相关标准,在同级荷载下,在比例界限值前稳定时间较《土工试验规程》(SL 237—1999)中规定的时间短,在比例界限值后稳定时间增长,与其他试样结果相比各特征值偏大。

重塑砂 2 无预加荷载,由于试样整体处于欠固结状态,施加中心荷载时,基础的各特征值明显降低,且沉降变形较大,150 kPa 时沉降 -1.024 mm,300 kPa 时沉降 -1.945 mm。由于测试级数较少,整个变形曲线较为典型,为整体剪切破坏。

重塑砂 3 预加荷载为 500 kPa,从 $p \sim S$ 关系曲线可知,在 0 ~ 500 kPa 段,$p \sim S$ 线性关系较好,相关系数 R 为 0.988,直线段变形模量 E_0 为 449 313 kPa,此时中心柱下沉 −0.040 mm,在 600 ~ 800 kPa 段,$p \sim S$ 曲线出现拐点,之后基点急剧下沉,为整体剪切破坏。

重塑砂 4 预加荷载为 650 kPa,从 $p \sim S$ 关系曲线可知,各特征点较为明显,在 0 ~ 450 kPa 段,$p \sim S$ 线性关系较好,相关系数 R 为 0.947,直线段变形模量 E_0 为 2 021 906 kPa,此时中心柱下沉 −0.008 mm,在 650 ~ 850 kPa 段,$p \sim S$ 曲线出现拐点,之后基点急剧下沉,为整体剪切破坏。由于预加荷载较大,大于先期固结应力 p_c,试样整体受荷压缩,达到超固结状态,在施加中心荷载时,中心受荷点沉降较小,变形模量较大。

3)泥质软岩/硬土试验成果分析

泥质软岩/硬土 1 无预加荷载,$p \sim S$ 关系曲线较为典型,各特征点明显,破坏特征也较为明显,由图 4-68 可知,试样破坏后试样从中心柱两侧挤出,造成基础侧面隆起,为整体剪切破坏。在 0 ~ 300 kPa 段,$p \sim S$ 线性关系较好,相关系数 R 为 0.998,直线段变形模量 E_0 为 11 509 kPa。

泥质软岩/硬土 2 预加荷载为 400 kPa,从试验后试样表面来看,试样没有发现承压板下及周边岩体有明显的破坏现象。

泥质软岩/硬土 3 无预加荷载,从试样表面看到,试样不均匀,部分胶结物较硬,分布不规则。

泥质软岩/硬土 4 预加荷载为 600 kPa,$p \sim S$ 关系曲线较为典型,各特征点明显。在 0 ~ 1 070 kPa 段,$p \sim S$ 线性关系较好,相关系数 R 为 0.999,直线段变形模量 E_0 为 315 255 kPa,此时中心柱下沉 −0.122 mm,在 1 200 ~ 1 650 kPa 段,$p \sim S$ 曲线出现拐点,之后基点急剧下沉,为整体剪切破坏。

4)总体认识

砂质软岩/硬土样全部有预加荷载,$p \sim S$ 关系曲线较好,沉降较为均匀,各特征点较为明显。随着预加荷载的增大,各特征值随之增大。破坏类型全部为整体剪切破坏。

重塑砂样 3 组有预加荷载,1 组无预加荷载。各试样的 $p \sim S$ 关系曲线较好,各特征点较为明显。随着预加荷载的增大,各特征值随之增大。破坏类型也全部为整体剪切破坏,从规律上看与砂质软岩/硬土无明显区别,也说明砂质软岩/硬土的原始结构应力在工程条件下不起控制性作用。

泥质软岩/硬土样 2 组有预加荷载,2 组无预加荷载。各试样的 $p \sim S$ 关系曲线较好,各特征点较为明显。随着预加荷载的增大,各特征值随之增大。破坏类型除泥质软岩/硬土 2 为局部剪切外，其余全部为整体剪切破坏。

4.4.2.2　不同岩性样品周边变形特征分析

1）砂质软岩/硬土样周边变形分析

砂质软岩/硬土 2 在中心加荷时，中心荷载下试样受荷压缩，由于应力发生改变，引起试样发生变形，荷载周边都向上隆起，随着荷载的增大，变形也往同一个方向继续增大。距中心荷载最近的 1、5、9 测点随荷载的增加增幅较小，距中心荷载最远的 4、8、12 测点的增幅最大。由图 4-74 可知，各测点变形表现出较好的对称性，说明该试样较均匀。最大荷载为 1 380 kPa 时，变形达到最大，4、8、12 测点变形最大，均为 0.081 mm。

砂质软岩/硬土 3 在中心加荷时，中心荷载周边也都向上隆起，随着荷载的增大，变形也往同一个方向继续增大。距中心荷载最近的 1、5、9 测点随荷载的增加增幅较小，距中心荷载最远的 4、8、12 测点的增幅最大。由图 4-75 可知，各测点变形表现出较好的对称性，最大荷载为 1 800 kPa 时，变形达到最大，试样最大变形出现在 8、12 测点，均为 0.026 mm。

砂质软岩/硬土 4 在中心加荷时，中心荷载周边也都向上隆起，随着荷载的增大，变形也往同一个方向继续增大。距中心荷载最近的 1、5、9 测点随荷载的增加增幅较小，4、8、12 测点的增幅最大。由图 4-76 可知，各测点变形表现出较好的对称性，最大荷载为 1 600 kPa 时，变形达到最大，试样最大变形出现在 4 测点，为 0.119 mm。该试样各测点变形较为不对称，说明试样内部结构不均匀。

2）重塑砂样周边变形分析

重塑砂 1 在中心加荷时，中心荷载周边出现了隆起和下沉。测点 5 一直都随着荷载的增大而下沉，且在最大荷载为 2 700 kPa 时下沉 −0.028 mm。测点 1、9 随着荷载的增大，先是向上微微隆起，后分别在 2 100 kPa、1 300 kPa 时开始下沉。其他各测点都随着荷载的增大向上隆起。最大荷载为 2 700 kPa 时，测点 8 达最大值，为 0.031 mm。

重塑砂 2 无预加荷载，随着中心荷载的增大，12 个测点均向下沉降。在比例界限 150 kPa 前，除距中心荷载近的 1、5、9 点下沉稍大外，其他各点都均匀下沉 −0.040 mm 左右。过比例界限后，试样处于先剪切后破坏阶段，试样表面发生不均匀变形，随着中心柱的急剧沉降，1、5、9 测点也随着急剧沉降。当达到最大荷载 400 kPa 时，1、5、9 测点分别下沉 −0.293 mm、−0.303 mm、−0.273 mm。由于试样发生整体剪切破坏，砂子从基础两侧挤出，造成基础侧面隆起，其他测点测到的变形是 2、6、10 测点相对其他测点隆起，表现出试样整体破坏时的特征。当荷载达到最大卸荷时，随着荷载的减小，试样的变形并没有马上恢复，而是沿着荷载增大的趋势继续小幅增大，直到荷载降为 0 时，各测点才回弹。

重塑砂3在中心加荷时，除中心荷载周边处测点4下沉外，其余测点均向上隆起。当荷载逐步增大时，各测点位移均沿隆起或沉降方向继续扩大。最大荷载为1 100 kPa时，测点8达最大值，为0.116 mm。

重塑砂4在中心加荷时，中心荷载周边也都向上隆起，随着荷载的增大，变形也往同一个方向继续增大，各测点的增幅较为均匀。最大荷载为1 150 kPa时，测点8达最大值，为0.113 mm。卸荷时，各测点的变形也是沿着荷载增大的趋势继续小幅增大。

3）泥质软岩/硬土周边变形分析

泥质软岩/硬土1无预加荷载，从 $p \sim S$ 关系曲线上看是典型的整体剪切破坏。从各测点的变形图上看和破坏特征完全吻合。试样在压密、剪切阶段，各测点均随中心柱的下沉而下沉，且越是靠近中心荷载的测点，变形越大，到周边逐渐减小。当试样发生破坏时，试样从中心柱两侧挤出，造成基础侧面隆起，各测点也迅速隆起，靠近中心荷载的测点变形最大。

泥质软岩/硬土2预加荷载为400 kPa，在中心加荷时，中心荷载周边除测点1小位移下沉外都向上隆起，随着荷载的增大，变形也往同一个方向继续增大。由于试样整个结构从表面看不均匀，各测点的变形也不对称。最大荷载为1 450 kPa时，变形达到最大，试样最大变形出现在测点4，为0.044 mm。

泥质软岩/硬土3无预加荷载，在中心加荷时，各测点均随中心柱的下沉而下沉，且越是靠近中心荷载的测点，变形越大，到周边逐渐减小。当试样发生破坏时，测点1、2随着从中心柱一侧挤出的试样而隆起，试样其他各测点随着中心柱的急剧下沉而下沉。靠近中心荷载的各测点变形最明显。

泥质软岩/硬土4预加荷载为600 kPa，在中心加荷时，中心荷载周边整体都向上隆起，随着荷载的增大，变形有先减小后增大的现象。由于试样整个结构从表面看不太均匀，各测点的变形也不对称。

4）总体认识

砂质软岩/硬土样全部有预加荷载，随着中心荷载的增大，中心承压板外试样表面整体表现出向上隆起，且随着荷载的不断增大，变形也往同一个方向继续增大。试样较为均匀，各测点的对称性较好。试样的最大变形往往出现在距中心承压板较远的4、8、12测点上。

重塑砂样无预加荷载时，试样中心承压板外试样表面变形随着中心荷载的增大全部向下沉降，达到破坏荷载时，试样各测点表现出整体剪切破坏的特征。有预加荷载时，随着中心荷载的增大，大部分试样中心承压板外表面整体表现出向上隆起，且随着荷载的不断增大，变形也往同一个方向继续增大，且荷载减小时，各测点变形并没有马上恢复，而是沿着荷载增大的趋势继续小幅增大。

泥质软岩/硬土在无预加荷载时，各测点变形较好地表现出了试样的破坏特征，距中心承压板越近变形越大。有预加荷载时，随着中心荷载的增大，中心承压板外试样表面表现出向上隆起。

4.4.3 预加荷载对软岩/硬土试验结果的影响

4.4.3.1 预加荷载对软岩/硬土特征值的影响

模拟试验共进行了11组，其中3组无预加荷载，其他8组有220~650 kPa不等的预加荷载。从整个试验结果来看，预加荷载对试验结果的影响是比较明显的。下面分别对砂质软岩/硬土、重塑砂、泥质软岩/硬土进行分析，基本成果汇总于表4-25。

表4-25 试验特征值和直线段变形模量统计

试样编号	预加荷载(kPa)	比例界限值		极限荷载		直线段变形模量(kPa)
		p(kPa)	$S(\times10^{-3}$ mm)	p(kPa)	$S(\times10^{-3}$ mm)	
砂质软岩/硬土2	220	430	-181	980	-904	85 394
砂质软岩/硬土3	400	600	-80	1 400	-380	269 587
砂质软岩/硬土4	600	900	-14	1 200	-160	2 310 750
重塑砂1	300	800	-128	1 900	-932	224 656
重塑砂2	0	150	-1 024	300	-1 945	5 265
重塑砂3	500	500	-40	800	-130	449 313
重塑砂4	650	450	-8	950	-160	2 021 906
泥质软岩/硬土1	0	300	-937	450	-1 865	11 509
泥质软岩/硬土2	400	850	-467	1 150	-768	65 425
泥质软岩/硬土3	0	900	-391	1 300	-649	82 738
泥质软岩/硬土4	600	1 070	-122	1 650	-260	315 255

砂质软岩/硬土岩进行3组试验，绘制预加荷载和比例界限值关系见图4-87，绘制预加荷载和3组试样同在430 kPa下的沉降量关系见图4-88，绘制预加荷载同3组试样直线段变形模量的关系见图4-89。由图4-87、图4-88可明显看出，随着预加荷载的增大，全部试样比例界限值逐渐增大，相应的沉降量逐渐减小，并且呈良好的线性关系。由图4-89可看出，随着预加荷载的增大，试样的直线段变形模量也随之增大，呈指数关系，且相关性较好。

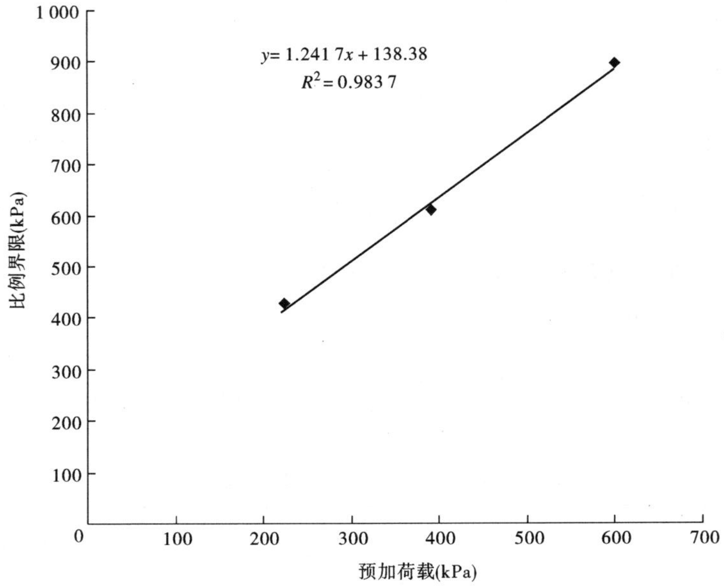

图 4-87　砂质软岩/硬土预加荷载和比例界限值关系

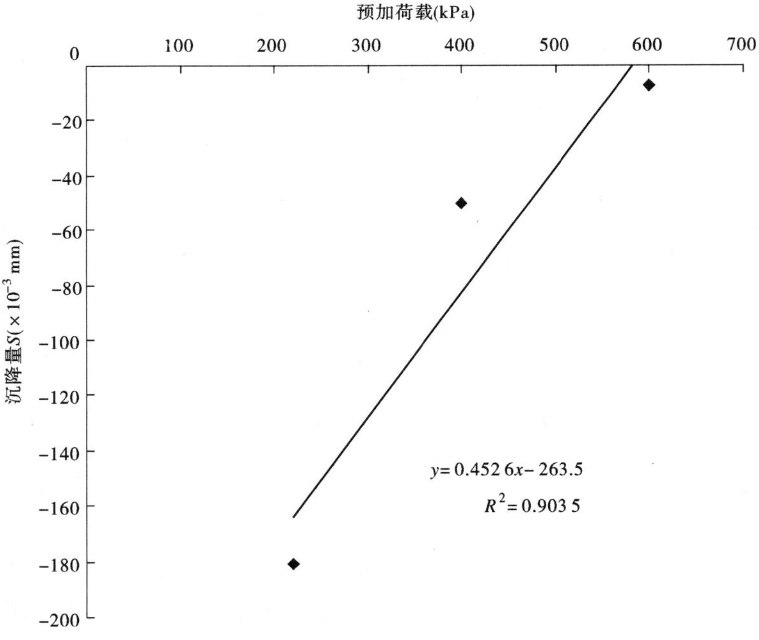

图 4-88　砂质软岩/硬土预加荷载和 430 kPa 荷载下的沉降量关系

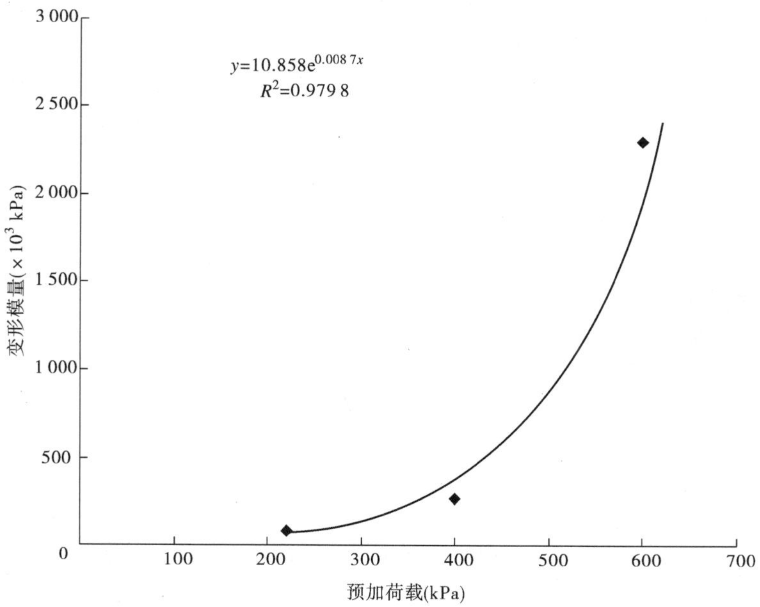

图 4-89　砂质软岩/硬土预加荷载和直线段变形模量的关系

重塑砂进行的 4 组试验中，由于重塑砂 1 采用的试验稳定方法和其他不同，试验结果存在明显差异，待以后章节再作分析，暂不和其他 3 组样品一并分析。现将其他 3 组试验结果分别绘制预加荷载和极限荷载、直线段变形模量关系图，见图 4-90、图 4-91。同样可以看出，随着预加荷载的增大，全部试样极限荷载值逐渐增大，完全呈线性关系，试样的直线段变形模量也随之增大，呈指数关系，且相关性较好。

对泥质软岩/硬土进行了 4 组试验，由于泥质软岩/硬土 3 试样存在大量条带状灰白色胶结硬块，试样的性状与其他 3 组存在差异，不纳入该类岩石进行比较分析。现将其他 3 组试验结果分别绘制预加荷载和极限荷载、直线段变形模量关系图，见图 4-92、图 4-93。同样可以看出，随着预加荷载的增大，全部试样极限荷载值逐渐增大，呈良好的线性关系，试样的直线段变形模量也随之增大，呈指数关系，且相关性较好。

从以上结果可以看出，预加荷载的有无、大小直接影响着各种试样的试验特征值。均表现出无预加荷载时，试样的各特征值明显小于有预加荷载的其他试样的特征值，而且随着预加荷载的增大，试样的比例界限值和极限荷载也随之增大，相应的沉降量随之减小，特别是预加荷载和比例界限值、极限荷载表现出明显的线性关系，相关性良好。试样直线段变形模量也随着预加荷载的增大而增大，呈较好的指数关系。

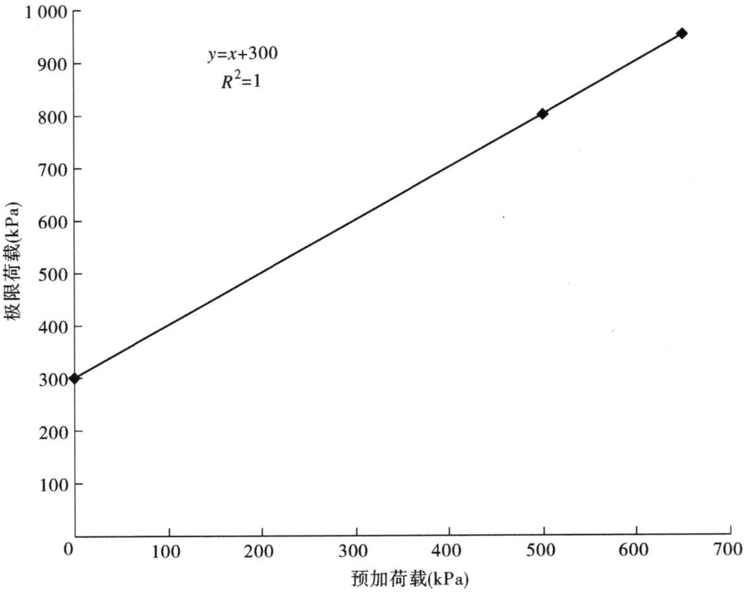

图 4-90　重塑砂预加荷载和极限荷载关系

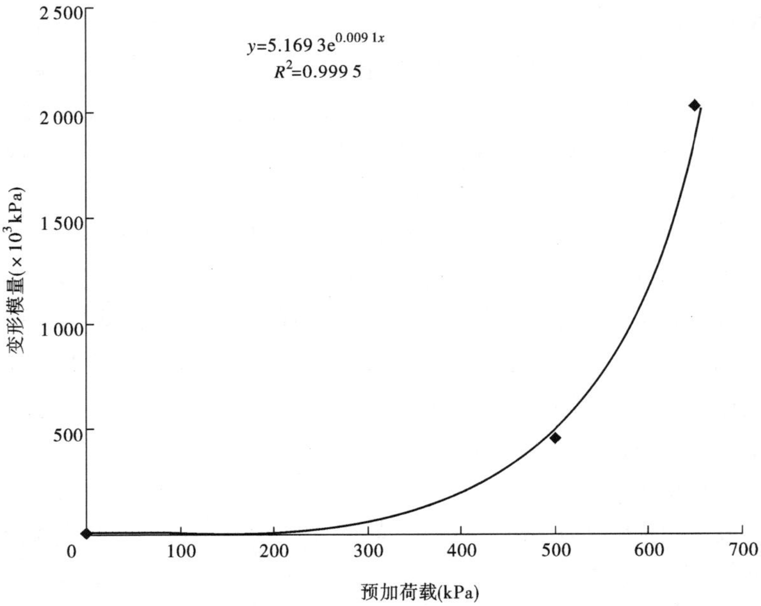

图 4-91　重塑砂预加荷载和直线段变形模量关系

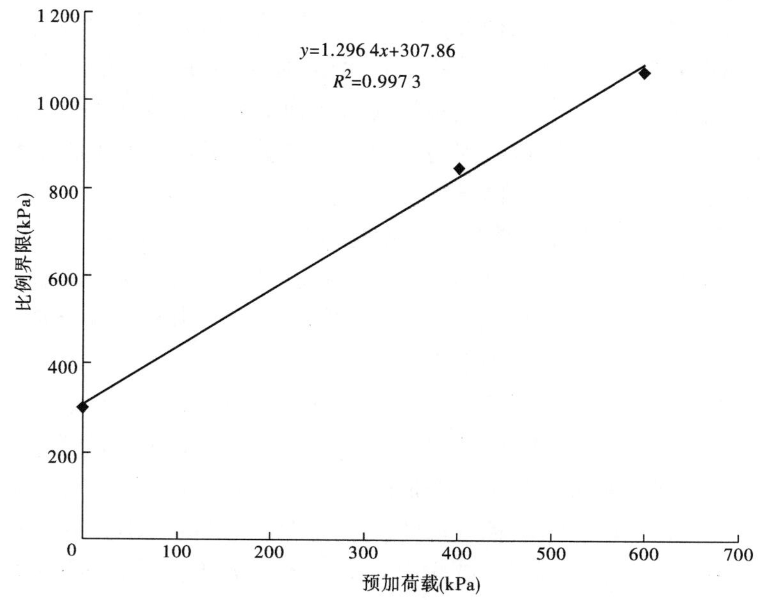

图 4-92　泥质软岩/硬土预加荷载和比例界限值关系

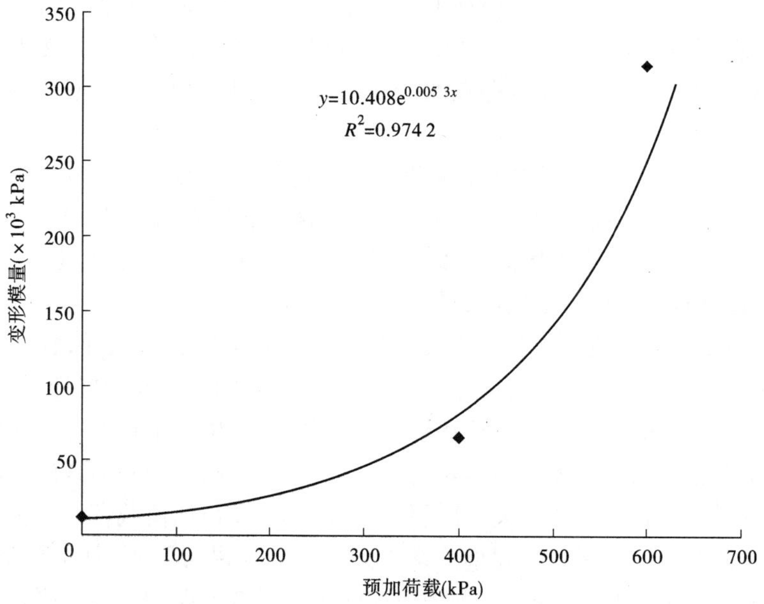

图 4-93　泥质软岩/硬土预加荷载和直线段变形模量关系

由于预加荷载的施加，试样整体受荷向下压缩，变形稳定后，试样的重度增大，对于砂样，粒间空隙度减小，砂粒结合紧密，分子力和摩擦力也增强，这就增大了试样的抗剪强度。当然，上述各特征值随预加荷载的变化而变化也是预加荷载在某一范围内才有的规律，因为实际工程中预加荷载的实现是有条件的，无穷大的预加荷载在理论上和实际环境上都是不存在的。

4.4.3.2 预加荷载对软岩/硬土试样变形的影响

从各试样中心承压板外试样表面变形图表可以看出，有无预加荷载和预加荷载的大小对中心承压板外试样表面的变形有一定的影响。现分别对砂质软岩/硬土、重塑砂和泥质软岩/硬土进行分析。

砂质软岩/硬土样3组全部有预加荷载，随着中心荷载的增大，中心承压板外试样表面整体表现出向上隆起。随着预加荷载的增大，3组试样在同级的中心荷载下，中心承压板外试样表面变形的大小并无太大规律。说明试验条件下，在预加荷载存在的情况下，表面变形的大小与预加荷载的大小关系不大。

重塑砂样1组无预加荷载，试样中心承压板外试样表面变形随着中心荷载的增大全部向下沉降，达到破坏荷载时，试样各测点表现出整体剪切破坏的特征。另外3组有预加荷载，随着中心荷载的增大，大部分试样中心承压板外表面整体表现出向上隆起，且随着荷载的不断增大，变形也往同一个方向继续增大。4组试样在同级的中心荷载下，中心承压板外试样表面变形大小并无太大规律。说明试验条件下，在预加荷载存在的情况下，表面变形的大小与预加荷载的大小关系不大。

泥质软岩/硬土2组试样无预加荷载，各测点变形较好地表现出了试样的破坏特征，距中心承压板越近变形越大。有预加荷载时，随着中心荷载的增大，中心承压板外试样表面表现出向上隆起。说明试验条件下，在预加荷载存在的情况下，表面变形的大小与预加荷载的大小关系不大。

从以上结果可以看出，预加荷载的有无对中心承压板外试样表面变形的基本方向是有较大影响的，当无预加荷载时，试样各点的变形能较好地表现出试样破坏时的外观特征；当有预加荷载时，试样整体表现为随着中心荷载的增大，大部分试样中心承压板外表面整体表现出向上隆起，且随着中心荷载的不断增大，变形也向同一个方向继续增大。说明试验条件下，在预加荷载存在的情况下，表面变形的大小与预加荷载的大小关系不大。总的来讲，试验条件下预加荷载的有无影响表面测点的位移方向，预加荷载的大小对各测点的位移量影响不大。

4.4.4 砂质软岩/硬土和重塑砂试验结果的对比

由试验结果可知，砂质软岩/硬土样的比例界限值和重塑砂的极限荷载同预加荷载之间都存在良好的线性关系，直线段变形模量同预加荷载间存在指数关系。根据上述关系的关系方程，将砂质软岩/硬土和重塑砂换算到同一级预加荷载下，结果见表4-26。

表4-26　砂质软岩/硬土和重塑砂同级预加荷载下各特征值对比

试样编号	预加荷载(kPa)	比例界限值		极限荷载		直线段变形模量(kPa)
		p(kPa)	S($\times10^{-3}$mm)	p(kPa)	S($\times10^{-3}$mm)	
砂质软岩/硬土2	220	430	−181	980	−904	85 394
砂质软岩/硬土3	400	600	−80	1 400	−380	269 587
砂质软岩/硬土4	600	900	−14	1 200	−160	2 310 750
重塑砂2	0	150	−1 024	300	−1 945	5 265
重塑砂3	500	500	−40	800	−130	449 313
重塑砂4	650	450	−8	950	−160	2 021 906
砂质软岩/硬土2	0	138				10 858
砂质软岩/硬土3	500	759				841 261
砂质软岩/硬土4	650	945				3 102 310
重塑砂2	220			530		38 273
重塑砂3	400			700		196 908
重塑砂4	600			900		1 215 289

由表4-26对比结果可以看出，砂质软岩/硬土岩样把预加荷载分别调到0、500 kPa、650 kPa，根据砂质软岩/硬土样同预加荷载的关系方程得到的比例界限值整体上大于重塑砂样同级预加荷载下的比例界限值，换算后的直线段变形模量也大于重塑砂样。将重塑砂样的预加荷载分别调到220 kPa、400 kPa、600 kPa，同样根据相关方程得到的极限荷载和直线段变形模量均小于砂质软岩/硬土样。

可以看出，砂质软岩/硬土样的各项特征值均稍大于重塑砂样的特征值。虽然砂质软岩/硬土样胶结不明显，重塑后样品的含水率和重度与砂质软岩/硬土相同，但由于试验样品较大，重塑的均匀程度不够，砂质软岩/硬土经过了地质年代长时期的固结稳定，内部存在一定的应力，重塑后内部应力消失，且重塑样的稳定时间较短，各砂粒间的分布未必均匀，这必然削弱了砂粒间的摩擦力，降低了试样的整体抗剪能力，致使各特征值有所下降。

4.5 小　结

4.5.1 载荷仿真试验方法的设计原则

载荷仿真试验方法的基本原则是模拟实际工程在实际工况条件下的荷载条件，并考虑施工过程的影响，按照典型岩性进行试验基本设计。

4.5.2 试验影响因素的敏感性数值分析

通过数值分析，确定了中心荷载施加尺寸、围压的模拟方式、外部约束条件、试件大小、试件尺寸与中心荷载尺寸比例等因素的影响程度，进一步确定了试验模型的基本条件。

4.5.3 载荷仿真试验

通过对西霞院电站地基泥质软岩/硬土、砂质软岩/硬土和重塑砂样 11 组试样的载荷仿真试验，进一步了解和掌握了这些特殊岩土在一定条件及工程荷载条件下的变形与破坏的一般规律，得出了围压对地基的破坏方式有控制性作用的结论；同时，围压对地基的承载力有明显影响，在一定应力条件下，基本呈直线关系；围压对样品的变形模量有重大影响，表现为在一定应力条件下，随着围压的增加，样品的变形模量呈指数型增加的趋势。

4.5.4 软岩/硬土破坏机制综述

砂质软岩/硬土样品破坏机制均为整体剪切破坏，基本符合砂性土在荷载作用下变形破坏的一般规律。

泥质软岩/硬土主要的破坏形式也是剪切破坏，但应看到仿真试验的承压板较小，破坏时并未沿已有结构面发生滑动破坏，当试样从结构面发生滑动破坏时，整个变形会发展很快，应引起足够的重视。

重塑砂的部分样品表现出冲剪破坏的特征。

4.5.5 砂质软岩/硬土和重塑砂的对比

砂质软岩/硬土样的各项特征值均稍大于重塑砂样的特征值。说明试样重塑后稳定时间较短，各砂粒间的分布不均匀，削弱了砂粒间的摩擦力，降低了试样的整体抗剪能力，致使各特征值有所下降。当然，从变形模量来看，两者有较明显的差距，这不仅与重塑影响有关，也可能与试验的加载设计方式有关，在重塑砂 1 样品的试验中不同的加载方式上有所显示。

5　软岩/硬土室内载荷仿真试验的有效性验证

5.1　与标准试验方法试验结果的对比验证

5.1.1　与侧向变形试验结果的比较

由表2-10、图2-3、图2-4与附表1～附表11及附图1～附图11进行对比不难发现，样品在试验资料的规律上是有相似之处的。

首先，从砂质软岩/硬土的载荷仿真试验看，重塑砂的同荷载条件下变形更大，这可以说明原岩的结构应力是存在的；同时还可以看到，3组砂质软岩/硬土只有1组在较大应力条件下有变形突变现象，也就是说存在屈服现象，周边的变形规律也一致。这也可以这样解释，即在较小应力或工程应力条件下，样品变形呈现近线性规律；重塑砂与侧向变形试验样品性质一致，在变形规律上也是近似的，表现在无围压试验主要是压密过程，周边变形方向均向下，有围压时压密已经完成，周边变形成为向上的鼓胀变形，多数样品呈线性规律。

其次，对泥质软岩/硬土样品的两种试验也进行一个对比，可以看到其规律的相似性，主要表现在两个无围压试验在先压密的条件下，一个样品中大应力明显出现了周边变形的突变，反映了较大结构应力的影响，另一个样品直至最大中心荷载，周边变形仍很小；同时，有围压的试验，周边变形已越过压密阶段，呈现向上鼓胀的特点，但数值较小，且无突变，这类似于侧向变形试验中的侧向应力在小应力时的启动状态。

这些现象间接证明了试验方法没有扰动岩土的主体性质，结果具有明显的相近性，方法是有效的。

5.1.2　与现场载荷试验结果的比较

5.1.2.1　软岩/硬土现场载荷试验

现场载荷试验对比的主要目的是研究地基承载力标准值和变形参数与载荷仿真试验的一致性，地基承载力问题又是其首要问题，是岩土工程的一个重要课题，也是工程设计的主要参数，应根据建筑物的规模和重要性，综合分析不同方法的试验成果确定。这里将从地基承载力和变形特征指标入手，进行一致性对比。

考虑到试件的代表性、试验方法等因素的影响，共对5个现场试验点进行了分析研究，其中ZH_1、ZH_6为泥质软岩/硬土试验点，ZH_3、ZH_7、ZH_8为砂质软岩/硬土试验点。载荷试验试点分布在电站厂房基坑的安装间，第2#、3#、4#机组及闸基部位，试验位置的高程为93.0～117.0 m。在此对5个试验点的代表性、试验方法和试验结果等作进一步分析。

ZH_1载荷试验：试验点为较坚硬的泥质软岩/硬土，强度相对较高，受试验工期限制，试件的饱水时间较短。

ZH_3、ZH_7载荷试验：试验点影响范围内为相对均一密实的砂质软岩/硬土，在该地层中有一定的代表性。

ZH_6载荷试验：试验点为泥质软岩/硬土，相对较纯，并且微裂隙发育。

ZH_8载荷试验：试验点影响范围内地层不均一，表部砂中含砾，下伏地层局部含有硬质夹层。由于试验点地层的特殊性，该组试验对砂质软岩/硬土的代表性不好。

1）现场载荷试验方法

上第三系地层岩性比较复杂，具有岩、土共存的特征。试验依据《水利水电工程岩石试验规程》（SL 264—2001）和《土工试验规程》（SL 237— 1999）中有关平板载荷试验的各项规定，根据各层的特点采取不同试验方法。

a. 泥质软岩/硬土载荷试验

根据《水利水电岩石试验规程》（SL 264—2001）的规定进行试验。试验采用预估极限荷载$p_{max}=1\ 000$ kPa，级差由大到小进行递减。加载采用变形控制，每级荷载施加后，稳定标准为各测表相邻两次读数之差与同级荷载下第一次读数和前一级荷载下最后一次读数差之比小于5%，读数间隔为1次/10 min。

按照规定：ZH_1载荷试验中岩体未能达到破坏，但荷载已经达到工程设计压力的2倍，结束试验；ZH_6载荷试验中压力表读数显示载荷加不上或勉强加上但很快降下来和承压板周围岩面发生明显隆起或径向裂隙持续发展，认为岩体已破坏。

b. 砂质软岩/硬土载荷试验

由于胶结现象不够明显，采用了《土工试验规程》（SL 237—1999）进行载荷试验。试验采用荷载等量分级施加，荷载增量均为50 kPa，每级荷载施加后稳定的标准为沉降量不大于0.1 mm。当在本级荷载下沉降量急剧增加，承压板周围出现裂缝和隆起时，试验可以终止。

2）现场载荷试验结果

2004年4～6月，在西霞院反调节水库电站厂房基坑、闸基和挡墙位置，分别进行了软岩/硬土共计9个试点的现场载荷试验。其中,泥质软岩/硬土2点,砂质软岩/硬土3点,砂砾石层4点,为了和本次试验对比,现只介绍软岩/硬土的试验结果。现场载荷试验分布情况见表5-1,试验成果及特征值见表5-2、表5-3。

表5-1　现场载荷试验分布情况

试件编号	部位	高程(m)	岩性
ZH_1	3#机组	95.0	泥质软岩/硬土
ZH_3	4#机组	94.5	砂质软岩/硬土
ZH_6	2#机组	94.0	泥质软岩/硬土
ZH_7	3#机组	94.5	砂质软岩/硬土
ZH_8	安装间	94.0	砂质软岩/硬土

表5-2　现场载荷试验成果汇总

试点编号	岩性	最大荷载(kPa)	最大沉降量(mm)	最大回弹量(mm)	残余沉降量(mm)	直线段变形模量(kPa)
ZH_1	泥质软岩/硬土	1 400	-5.91	2.57	-3.34	202 475
ZH_3	砂质软岩/硬土	600	-19.94	5.20	-14.74	56 693
ZH_6	泥质软岩/硬土	600	-24.43	3.24	-21.19	38 049
ZH_7	砂质软岩/硬土	650	-34.60	6.48	-28.12	34 152
ZH_8	砂质软岩/硬土	1 200	-40.40	0.96	-39.44	55 855

表5-3　现场载荷试验的特征值

试点编号	岩性	比例界限值		极限荷载	
		p(kPa)	S (mm)	p(kPa)	S (mm)
ZH_3	砂质软岩/硬土	350	-3.71	550	-8.24
ZH_7	砂质软岩/硬土	400	-6.32	600	-9.83
ZH_8	砂质软岩/硬土	900	-12.08	1 150	-23.23
ZH_1	泥质软岩/硬土	950	-2.68	≥1 400	-5.91
ZH_6	泥质软岩/硬土	500	-7.45	550	-9.14

5.1.2.2 现场载荷试验和载荷仿真试验结果对比分析

由现场载荷试验可知,载荷仿真试验样品和现场载荷试验样品几乎在同一高程和位置选取,样品的各种内在结构和组成基本一致。

现场泥质软岩/硬土共进行2组试验,室内进行4组,其中2组无预加荷载,和现场试验条件相似,从试验结果来看,现场泥质软岩/硬土的比例界限值、极限荷载和变形模量都稍大于载荷仿真试验结果,但同级荷载下的沉降量远大于仿真试验的沉降量。对有预加荷载的室内试验,受预加荷载的影响各特征值明显大于现场试验特征值。

现场砂质软岩/硬土共进行了3组试验,室内进行7组,其中3组原状、4组重塑,1组无预加荷载。重塑砂2和现场试验条件相似,从试验结果来看,现场砂质软岩/硬土的比例界限值、极限荷载和变形模量都稍大于仿真试验结果,但同级荷载下的沉降量远大于室内试验的沉降量。对有预加荷载的仿真试验,受预加荷载的影响各特征值均明显大于现场试验特征值。

对现场载荷试验和室内载荷仿真试验结果分析可以看出,在试验的样品性状、无预加荷载、试验稳定标准相同等基本条件下,试验结果存在一定的差异,这可能主要是因为试验的尺寸条件不一样,现场的承压板尺寸为70 cm×70 cm或100 cm×100 cm,仿真试验中心柱尺寸为直径5 cm,这也符合地基承载力基础宽度补偿理论。当然,可以看出载荷试验的各特征值是试样本身固有性状的反映,但承压板的沉降量和承压板的尺寸呈正比关系,尺寸越大,同级荷载下的沉降量也越大。总体来看,现场载荷试验的各特征值略大于无预加荷载的仿真试验结果,但用于承载力研究的比例界限和变形模量是接近或基本一致的。这也可以证明,载荷仿真试验的方法是有效的。

5.1.3 与不同围压三轴压缩试验结果的比较

分别将泥质软岩/硬土和砂质软岩/硬土的试验结果汇总,见表5-4和表5-5。

表5-4 泥质软岩/硬土两种试验平均极限强度汇总 (单位:kPa)

试验方法	极限强度						
	围压或盖重						
	0	50	100	250	400	550	600
ϕ39.1 mm三轴	873.0	793.7	640.7	1 044.7	1 245.0		1 370.0
ϕ61.8 mm三轴	1 079.2	1 284.5	1 986.9	2 292.6	3 096.0	2 929.5	2 822.6
载荷仿真	875				1 150		1 650

表 5-5　砂质软岩/硬土两种试验平均极限强度汇总　（单位:kPa）

试验方法	极限强度									
	围压或盖重									
	0	50	100	200	220	300	400	500	600	650
ϕ39.1 mm 三轴		214.7	398.7	757		1 119.7	1 382.3			
ϕ61.8 mm 三轴		216.7	444	807.7		1 113.7	1 377.3			
载荷仿真					980		1 400		1 200	
重塑砂仿真	300							800		950

根据表 5-4 和表 5-5 作出对比图,如图 5-1、图 5-2 所示。

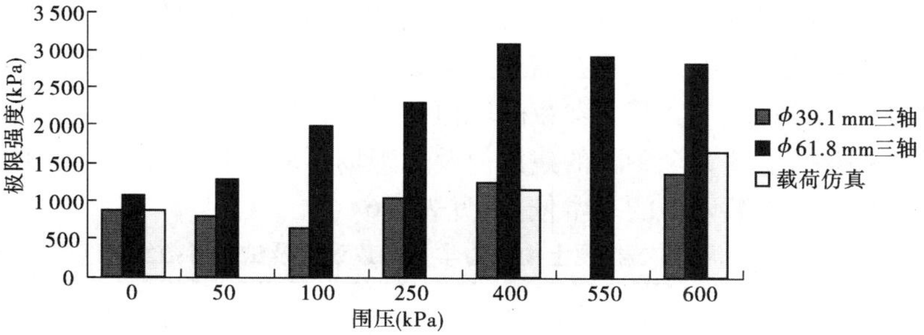

图 5-1　泥质软岩/硬土两种试验方法极限强度对比

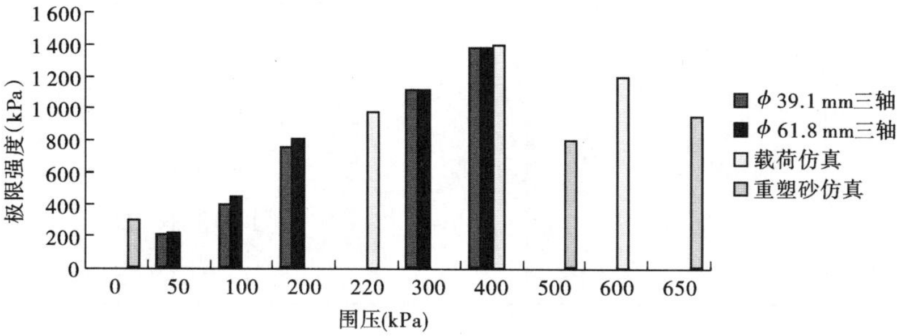

图 5-2　砂质软岩/硬土两种试验方法极限强度对比

从表 5-4、表 5-5,图 5-1、图 5-2 可以看出,泥质软岩/硬土的极限强度在盖重与围压相当的条件下,载荷仿真试验结果与 ϕ39.1 mm 三轴结果一致性比较好,结果略小,而比 ϕ61.8 mm 三轴结果明显偏小;砂质软岩/硬土的所有结果规律相似,重塑砂的结果略有偏小,这完全符合认识规律。

这里值得一提的是,0 围压试验和 0 盖重试验对比时,0 盖重试验结果稍大,这是符合理论认识的，因为0盖重实际上在加载过程中还是相当于有了一个不大的未知围压，而其他盖重条件下的试验结果略小于同围压条件下的试验结果也是完全符合理论认识的，这实际上揭示了盖重转化成围压时的不完全性机制。至于这种关系之间的具体数据则因本次试验数据的不足而在这里不能给出。

5.2 数值模拟与载荷仿真试验结果的对比验证

5.2.1 模型与参数选取

在这里，模型仍按4.2部分所述进行建立，以泥质软岩/硬土为代表岩性，以实际载荷仿真试验的边界条件作为基础进行参数影响的分析，并将分析结果与载荷仿真试验结果进行比较，以验证试验的有效性和实际意义。

载荷仿真试验有限元计算共需要5个参数：弹性模量E、泊松比μ、天然密度ρ、凝聚力c、内摩擦角φ。基本参数的取值参考各种标准试验的试验结果进行研究，工程应用中，上述5个参数的建议值及对现场所取原状样进行的相关试验结果统计作为本次参数取值的基本依据，见表5-6。

表5-6 泥质软岩/硬土物理力学指标建议值及试验参数统计

岩性	参数		变形模量 E_0(MPa)	弹性模量 E(MPa)	泊松比μ	凝聚力c (kPa)	内摩擦角 φ(°)	天然密度ρ (g/cm^3)
泥岩	建议值		70		0.25~0.30	45.0	18.8	2.01
	土工弹性模量试验			166.0				
	试验值	饱和直剪				142.7	21.4	
		三轴总强度				144.5	20.8	
		三轴有效强度				141.3	22.6	
		岩石试验				70.0	13.9	

由于影响样品应力和变形的主要因素为其弹性模量E和泊松比μ，从表5-6中可以看出，样品泊松比μ的建议值为0.25~0.30，变形模量的建议值为70 MPa，而室内土工试验弹性模量的平均值为166.0 MPa。另外3个参数（如天然密度ρ）用建议值，对于泥岩类的c、φ值来说，可以根据它们的建议值、土工试验指标及岩石试验指标来选出3个水平值参与正交设计，因此本次分析的正交设计主要针对4个因素来进行，它们是材料参数弹性模量E、泊松比μ、凝聚力c、内摩擦角φ，见表5-7，对应的正交表见表5-8。

表 5-7　泥质软岩/硬土参数正交设计因素水平

编号	弹性模量(MPa)	泊松比	凝聚力(kPa)	内摩擦角(°)
1	80	0.25	45.0	14.0
2	120	0.27	70.0	18.0
3	160	0.30	140.0	22.0

表 5-8　泥质软岩/硬土参数正交表 $L_9(3^4)$

试验号	1(弹性模量)(MPa)	2(泊松比)	3(凝聚力)(kPa)	4(内摩擦角)(°)
1	1(80)	1(0.25)	1(45.0)	1(14.0)
2	1(80)	2(0.27)	2(70.0)	2(18.0)
3	1(80)	3(0.30)	3(140.0)	3(22.0)
4	2(120)	1(0.25)	2(70.0)	3(22.0)
5	2(120)	2(0.27)	3(140.0)	1(14.0)
6	2(120)	3(0.30)	1(45.0)	2(18.0)
7	3(160)	1(0.25)	3(140.0)	2(18.0)
8	3(160)	2(0.27)	1(45.0)	3(22.0)
9	3(160)	3(0.30)	2(70.0)	1(14.0)

由于载荷仿真试验加载前在试验样品上面铺垫了一层 5 cm 厚的盖重层，因此盖重层的参数也需要确定。参与泥质软岩/硬土正交设计的盖重层的材料按中砂考虑，其材料参数仍按表 4-5 取值。

5.2.2　材料参数的正交试验计算结果分析

试验前，在给定一组材料参数的情况下，针对影响计算结果的几何模型尺寸、中心柱尺寸、预加荷载、中心荷载、约束条件进行了数值模拟的正交设计，这里按照实际情况在固定约束条件下，拟定几何模型尺寸为 500 mm×500 mm×500 mm、中心柱尺寸为 50 mm，以预加荷载 250 kPa、中心荷载 2 000 kPa 的工况为例进行分析。试样周围的 4 个面为垂直单向约束，底面为三向固定约束，上面为自由面。盖重层的参数固定按照表 5-8 针对泥质软岩/硬土试样对其材料参数进行正交设计，为了叙述方便，按照正交表 5-8 的顺序从上到下的 9 种情况分别以参数组合 1、2、3、4、5、6、7、8、9 来代替，分别进行计算。计算结果汇总见表 5-9 ~ 表 5-13，并根据汇总结果分析各个因素对竖向应力和竖向变形及相关特征指标等的影响。

5.2.2.1　弹性模量的影响分析

由表 5-9 可以看出，随着弹性模量的增大，中心柱作用面所承受的最大竖向应力在逐渐增大，而竖向变形在逐渐减小，这是由材料自身的性质决定的。当弹

表 5-9　泥质软岩/硬土参数影响数值计算正交设计成果汇总(一)

参数组合	弹性模量(MPa)	泊松比	凝聚力(kPa)	内摩擦角(°)	实际最大中心收敛荷载(kPa)	预加荷载(250 kPa)				最大中心收敛荷载(2 000 kPa)				比例极限(kPa)	中心荷载产生的净沉降量(mm)	离中心3倍于中心柱作用面直径距离后，竖向位移是否趋于稳定
						剖面最大竖向位移(mm)	剖面最大竖向应力(kPa)	中心柱作用面平均竖向应力(kPa)	中心柱作用面平均竖向位移(mm)	剖面最大竖向位移(mm)	剖面最大竖向应力(kPa)	中心柱作用面平均竖向应力(kPa)	中心柱作用面平均竖向位移(mm)			
1	80	0.25	45	14	644	1.312	276	251	1.312	1.749	660	649	1.714	335	0.402	是
2	80	0.27	70	18	775	1.260	281	250	1.259	1.600	795	779	1.567	502	0.308	是
3	80	0.30	140	22	862	1.170	283	250	1.169	1.456	988	949	1.435	—	0.266	是
4	120	0.25	70	22	906	0.877	290	250	0.876	1.162	924	909	1.134	551	0.258	是
5	120	0.27	140	14	1 038	0.842	292	250	0.841	1.167	1 050	1 032	1.137	702	0.296	是
6	120	0.30	45	18	862	0.782	294	249	0.781	1.105	892	871	1.074	451	0.293	是
7	160	0.25	140	18	1 125	0.659	298	250	0.658	0.923	1 120	1 113	0.898	800	0.240	是
8	160	0.27	45	22	950	0.633	300	250	0.632	0.899	980	956	0.873	496	0.241	是
9	160	0.30	70	14	994	0.588	302	249	0.587	0.925	1 020	998	0.894	499	0.307	是

表 5-10　泥质软岩/硬土参数影响数值计算正交设计成果汇总(二)

参数组合	弹性模量(MPa)	泊松比	凝聚力(kPa)	内摩擦角(°)	实际最大中心收敛荷载(kPa)	预加荷载(250 kPa)				最大中心荷载(2 000 kPa)				比例极限(kPa)	中心荷载产生的净沉降量(mm)	离中心3倍于中心柱作用面直径距离后,竖向位移是否趋于稳定
						剖面最大竖向位移(mm)	剖面最大竖向应力(kPa)	中心柱作用面平均竖向应力(kPa)	中心柱作用面平均竖向位移(mm)	剖面最大竖向位移(mm)	剖面最大竖向应力(kPa)	中心柱作用面平均竖向应力(kPa)	中心柱作用面平均竖向位移(mm)			
1	80	0.25	45	14	644	1.312	276	251	1.312	1.749	660	649	1.714	335	0.402	是
4	120	0.25	70	22	906	0.877	290	250	0.876	1.162	924	909	1.134	551	0.258	是
7	160	0.25	140	18	1 125	0.659	298	250	0.658	0.923	1 120	1 113	0.898	800	0.240	是
2	80	0.27	70	18	775	1.260	281	250	1.259	1.600	795	779	1.567	502	0.308	是
5	120	0.27	140	14	1 038	0.842	292	250	0.841	1.167	1 050	1 032	1.137	702	0.296	是
8	160	0.27	45	22	950	0.633	300	250	0.632	0.899	980	956	0.873	496	0.241	是
3	80	0.30	140	22	862	1.170	283	250	1.169	1.456	988	949	1.435	—	0.266	是
6	120	0.30	45	18	862	0.782	294	249	0.781	1.105	892	871	1.074	451	0.293	是
9	160	0.30	70	14	994	0.588	302	249	0.587	0.925	1 020	998	0.894	499	0.307	是

表 5-11　泥质软岩/硬土参数影响数值计算正交设计成果汇总(三)

参数组合	弹性模量(MPa)	泊松比	凝聚力(kPa)	内摩擦角(°)	实际最大中心收敛荷载(kPa)	预加荷载(250 kPa)				最大中心收敛荷载(2 000 kPa)				比例极限(kPa)	中心荷载产生的净沉降量(mm)	离中心3倍于中心柱作用面直径距离后,竖向位移是否趋于稳定
						剖面最大竖向位移(mm)	剖面最大竖向应力(kPa)	中心柱作用面平均竖向应力(kPa)	中心柱作用面平均竖向位移(mm)	剖面最大竖向位移(mm)	剖面最大竖向应力(kPa)	中心柱作用面平均竖向应力(kPa)	中心柱作用面平均竖向位移(mm)			
1	80	0.25	45	14	644	1.312	276	251	1.312	1.749	660	649	1.714	335	0.402	是
6	120	0.30	45	18	862	0.782	294	249	0.781	1.105	892	871	1.074	451	0.293	是
8	160	0.27	45	22	950	0.633	300	250	0.632	0.899	980	956	0.873	496	0.241	是
2	80	0.27	70	18	775	1.260	281	250	1.259	1.600	795	779	1.567	502	0.308	是
4	120	0.25	70	22	906	0.877	290	250	0.876	1.162	924	909	1.134	551	0.258	是
9	160	0.30	70	14	994	0.588	302	249	0.587	0.925	1 020	998	0.894	499	0.307	是
3	80	0.30	140	22	862	1.170	283	250	1.169	1.456	988	949	1.435	—	0.266	是
5	120	0.27	140	14	1 038	0.842	292	250	0.841	1.167	1 050	1 032	1.137	702	0.296	是
7	160	0.25	140	18	1 125	0.659	298	250	0.658	0.923	1 120	1 113	0.898	800	0.240	是

表 5-12　泥质软岩/硬土参数影响数值计算正交设计成果汇总(四)

参数组合	弹性模量(MPa)	泊松比	凝聚力(kPa)	内摩擦角(°)	实际最大中心收敛荷载(kPa)	预加荷载(250 kPa)				最大中心收敛荷载(2 000 kPa)				比例极限(kPa)	中心荷载产生的净沉降量(mm)	离中心3倍于中心柱作用面直径距离后,竖向位移是否趋于稳定
						剖面最大竖向位移(mm)	剖面最大竖向应力(kPa)	中心柱作用面平均竖向应力(kPa)	中心柱作用面平均竖向位移(mm)	剖面最大竖向位移(mm)	剖面最大竖向应力(kPa)	中心柱作用面平均竖向应力(kPa)	中心柱作用面平均竖向位移(mm)			
1	80	0.25	45	14	644	1.312	276	251	1.312	1.749	660	649	1.714	335	0.402	是
5	120	0.27	140	14	1 038	0.842	292	250	0.841	1.167	1 050	1 032	1.137	702	0.296	是
9	160	0.30	70	14	994	0.588	302	249	0.587	0.925	1 020	998	0.894	499	0.307	是
2	80	0.27	70	18	775	1.260	281	250	1.259	1.600	795	779	1.567	502	0.308	是
6	120	0.30	45	18	862	0.782	294	249	0.781	1.105	892	871	1.074	451	0.293	是
7	160	0.25	140	18	1 125	0.659	298	250	0.658	0.923	1 120	1 113	0.898	800	0.240	是
3	80	0.30	140	22	862	1.170	283	250	1.169	1.456	988	949	1.435	—	0.266	是
4	120	0.25	70	22	906	0.877	290	250	0.876	1.162	924	909	1.134	551	0.258	是
8	160	0.27	45	22	950	0.633	300	250	0.632	0.899	980	956	0.873	496	0.241	是

表 5-13　泥质软岩/硬土参数影响数值计算正交设计成果汇总(五)

参数组合	弹性模量(MPa)	泊松比	凝聚力(kPa)	内摩擦角(°)	实际最大中心收敛荷载(kPa)	卸荷			
						起始卸荷荷载(kPa)	起始卸荷荷载对应的中心柱作用面平均竖向位移(mm)	初次加到预加荷载对应的中心柱作用面平均竖向位移(mm)	卸荷到预加荷载对应的中心柱作用面平均竖向位移(mm)
1	80	0.25	45	14	644	605	1.648	1.312	1.478
2	80	0.27	70	18	775	732	1.528	1.259	1.303
3	80	0.30	140	22	862	857	1.396	1.169	1.170
4	120	0.25	70	22	906	863	1.109	0.876	0.911
5	120	0.27	140	14	1 038	938	1.086	0.841	0.862
6	120	0.30	45	18	862	827	1.040	0.781	0.863
7	160	0.25	140	18	1 125	1 066	0.880	0.658	0.678
8	160	0.27	45	22	950	867	0.829	0.632	0.680
9	160	0.30	70	14	994	911	0.832	0.587	0.674

性模量为 80 MPa(泊松比为 0.25,凝聚力为 45 kPa,内摩擦角为 14°)时,所承受的竖向应力最小,中心柱作用面所承受的竖向应力只有 649 kPa,而由此产生的竖向变形最大,为 1.714 mm;当弹性模量为 160 MPa(泊松比为 0.25,凝聚力为 140 kPa,内摩擦角为 18°)时,所承受的竖向应力最大,中心柱作用面所承受的竖向应力最大为 1 113 kPa,而由此产生的竖向变形却较小,为 0.898 mm。另外,刚才所说的弹性模量为 80 MPa(泊松比为 0.25,凝聚力为 45 kPa,内摩擦角为 14°)这一组合,由于其弹性模量最小,其力学性质(凝聚力和内摩擦角)也较差,使得其比例极限最小,只有 335 kPa,而中心荷载产生的净沉降量却最大,为 0.402 mm,其他参数组合的比例极限都在 450 kPa 以上,净沉降量均为 0.240 ~ 0.308 mm。因此,在 4 个参数中,弹性模量对试样应力和变形的影响最大。

5.2.2.2 泊松比的影响分析

由表 5-9、表 5-10 可以看出,在相同的预加荷载作用下,随着泊松比的增大,中心柱作用面所产生的竖向变形在逐渐减小。

5.2.2.3 凝聚力的影响分析

由表 5-11 可以看出,随着凝聚力的增大,中心柱作用面所承受的竖向应力在逐渐增大,试样的比例极限也逐渐增大,当凝聚力为 140 kPa 时其比例极限达到 700 ~ 800 kPa,而多数参数组合的比例极限为 450 ~ 560 kPa。

5.2.2.4 内摩擦角的影响分析

由表 5-12 可以看出,随着内摩擦角的增大,中心柱作用面所承受的竖向应力有所增大,但是如前面所说,对于黏性材料来说,其抗剪强度较低应力条件下以凝聚力为主,因此内摩擦角为 14° ~ 22°,虽然中心柱作用面所承受的竖向应力有所增大,但是其影响同凝聚力的影响对比来说不是太大。

5.2.2.5 参数影响的综合分析

从前面所述可以知道,随着弹性模量的增大,中心柱作用面所承受的竖向应力逐渐增大,而竖向变形逐渐减小;随着泊松比的增大,在比例极限内预加荷载作用下,中心柱作用面所产生的竖向变形逐渐减小,而对应力的影响不十分明显;当 4 个参数都处于最低水平(弹性模量为 80 MPa,泊松比为 0.25,凝聚力为 45 kPa,内摩擦角为 14°)时,由于其力学性质(凝聚力和内摩擦角)较差,试样的比例极限最小,只有 335 kPa,同时中心柱作用面在实际最大中心荷载下产生的净沉降量却最大,另外从表 5-13 可以看出,试样卸荷到预加荷载时所产生的塑性变形也最大;随着凝聚力的增大,中心柱作用面所承受的竖向应力在逐渐增大,试样的比例极限也逐渐增大,而且试样卸荷到预加荷载时所产生的塑性变形也最小;同凝聚力对计算结果的影响相比,内摩擦角的影响不十分明显。另外,从表 5-13 可以看出,多数参数组合的试样都有一定的塑性变形。

5.2.3 数值分析与载荷仿真试验结果的比较

由以上分析可知,数值分析中对结果影响最大的是样品的弹性模量和凝聚力,而由载荷仿真试验获得的结果主要是变形模量,这里的对比分析可按照同围压载荷仿真试验得到的结果,对比室内试验得到西霞院泥质软岩/硬土的弹性模量和变形模量的关系,计算获取样品的弹性模量,然后在相似弹性模量条件下,对比两种结果验证试验方法的有效性;而对于凝聚力,由于载荷仿真试验不能获得凝聚力的试验结果,对比中可参考其他试验结果按不同凝聚力进行分析。

确定载荷仿真试验的弹性模量按照第 4 章根据预加荷载与变形模量的关系进行计算,按照弹性模量相当于变形模量的 2.5 ~ 3 倍的室内试验结果进行估算。可以得到,在预加荷载为 250 kPa 时,样品变形模量为 39.2 MPa,相应的弹性模量为 98.0 ~ 117.6 MPa,可以此作为对比的基本指标。

5.2.3.1 样品比例界限的对比

根据第 4 章的研究,由载荷仿真试验的预加荷载与比例界限的关系公式,可以得到当预加荷载为 250 kPa 时,比例界限为 631.96 kPa,据表 5-9 资料,在弹性模量为 120 MPa(与对比条件相近)时,比例界限为 451 ~ 702 MPa,其结果是相近的,或者说这两种结果在对样品承载力的取值是基本一致的,验证了试验方法的有效性。

另外,从影响因素的数值分析计算中,得到没有预加荷载时,比例界限为 362 kPa,预加荷载为 250 kPa 时,比例界限为 537 kPa,预加荷载为 650 kPa 时,比例界限为 775 kPa;按照载荷仿真试验的结果,无围压时,比例界限为 307.86 kPa,预加荷载为 250 kPa 时,比例界限为 631.96 kPa,预加荷载为 650 kPa 时,比例界限为 1 150 kPa。据此可以作出两种研究方法所得结果的对比图,见图 5-3。

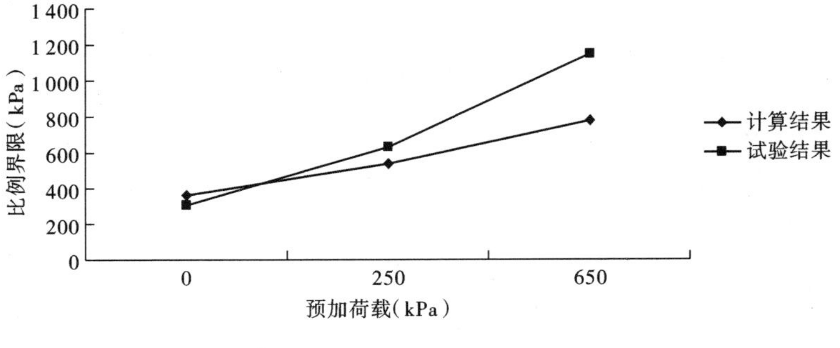

图 5-3 比例界限试验与计算结果对比

从图 5-3 可以看出，计算结果在小预加荷载时，计算的比例界限大于试验结果，而大预加荷载时，计算的比例界限结果小于试验结果。这是因为计算使用的主要指标弹性模量是采用 120 MPa 的定值；而从载荷仿真试验的结果看，无预加荷载时弹性模量只有 26 ~ 31 MPa，当预加荷载为 650 kPa 时，弹性模量为 815 ~ 978 MPa。120 MPa 的弹性模量大约仅相当于预加荷载 280 kPa 时的试验弹性模量。

当然，仍可看到在同弹性模量条件下，计算结果仍小于试验结果，这可能主要是样品的不均一所导致的，也应该是一种正常现象和结果，因此可以说明试验方法的有效性。

5.2.3.2 样品极限荷载的对比

仍根据第 4 章的研究结果，利用载荷仿真试验的回归方程估算出，当预加荷载为 250 kPa 时，极限荷载为 887.5 ~ 950 kPa；而数值模拟结果为 862 ~ 1 038 kPa，其结果仍是比较一致的，可进一步说明试验方法的有效性。

5.2.3.3 样品变形量的对比

将计算和试验的结果进行对比，见表 5-14。

表 5-14 泥质软岩/硬土试验与数值模拟样品变形量对比

预加荷载（kPa）	0	250	400	600	650
计算变形量（mm）	1 653	323			272
试验变形量（mm）	1 865		768	260	

从表 5-14 可以看出，变形量随预加荷载的增加逐渐减小的规律在两种方法条件下都是清晰一致的，但数值大小有一定差距，这与样品的均一性有一定关系，但更大贡献应该仍如前述，是弹性模量的主要贡献，这又一次说明了试验方法的有效性。

5.3 工程变形观测验证

黄河勘测规划设计有限公司在工程建设过程中和工程的试运行时，进行了大量的原型监测，根据变形监测数据，对地基参数进行了反演对比，反演对比结果见表 5-15。

表 5-15　西霞院电站地基参数反演结果对比

岩土类别	天然密度 ρ(g/cm^3)	内摩擦角 φ(°)	凝聚力 c(kPa)	变形模量 E_0(MPa)	泊松比 μ	说明
泥质软岩/硬土	2.01	18.8	45	70	0.30	试验建议值
		21.3	51	96	0.26	反演
砂质软岩/硬土	1.95	21.8	0	40	0.30	试验建议值
		25.9	0	55	0.28	反演

注:资料来自于黄河勘测规划设计有限公司。

从表 5-15 可以看出,从沉降观测结果得到的反演参数均明显大于试验建议值,当然由于反演理论的复杂性,准确地得出具体数据是很困难的,多参数的准确贡献也是难以获得的。但对于变形的最大影响因素——弹性模量/变形模量来说,反演结果说明应该显然大于一般标准试验指标,而逐渐靠近和接近载荷仿真试验的结论,从而验证了载荷仿真试验的有效性。

5.4 小　结

(1)与侧向变形试验结果比,泥质软岩/硬土载荷仿真试验的有无围压表现出了表面变形的不同特征,进一步显示了侧向变形试验的实质,间接证明了试验方法的有效性。

(2)总体来看,现场载荷试验的各特征值略大于无预加荷载的仿真试验结果,这可能一是因尺寸的影响,二是因饱水时间现场略短而造成的。但用于承载力研究的比例界限和变形模量是接近或基本一致的。这也可以证明,载荷仿真试验的方法是有效的。

(3)与不同尺寸有围压强度试验比,当围压和盖重相等时,泥质软岩/硬土载荷仿真试验结果小于室内试验结果,无围压时基本相当。砂质软岩/硬土的试验结果则非常接近。这显示了围压与盖重的影响区别,符合认识规律。

(4)由于受多因素控制,数值模拟的结果对比可用于对对比规律的认识,通过分析验证了与载荷仿真试验规律的一致性。

(5)对沉降观测结果进行对比,与原选择参数有较大差距,而更接近载荷仿真试验的结论,这进一步验证了载荷仿真试验的有效性。

6 结论与建议

以典型(泥质)软岩/硬土和非典型(砂质)软岩/硬土为例,在岩土试验分析的基础上,发现了其力学性质尤其是变形指标在标准试验方法上的不一致性,因而开展了一系列软岩/硬土力学特性的研究;据此设计和开展了软岩/硬土载荷仿真试验方法;通过数值模拟技术,详细研究了试验影响因素。在此基础上,开展了软岩/硬土的室内载荷仿真试验,实现了软岩/硬土的基本变形和表面变形的测量,据此作为样品破坏的对比证据,得出了荷载和变形规律;并在典型岩性和盖重荷载的敏感性分析的基础上,探讨了影响软岩/硬土地基承载力的影响因素和软岩/硬土地基的破坏特征及破坏机理。最后,通过现场载荷试验、数值分析、现场监测参数反演和室内载荷仿真试验进行了对比分析,证明了试验方法的合理性和有效性,得出了如下结论。

6.1 结 论

(1)通过研究认为,软岩/硬土的定义可以这样概括:典型的软岩/硬土是指单轴抗压强度为0.3 ~2 MPa 的超固结的含有大量不规律裂隙和隐裂隙的黏土质地质体,是正在向岩石转化的泥质沉积物,其中的不连续面可以是由构造作用形成的,也可以是泥质岩风化作用形成的产物;而无黏性的微胶结(或超固结)的单轴抗压强度为0.3 ~2 MPa 的砂质地质体可称为非典型的软岩/硬土。

(2)找到了一个软岩/硬土力学指标的有效试验方法——软岩/硬土室内载荷仿真试验,分析了软岩/硬土的典型破坏模式,得出了砂质软岩/硬土主要呈整体剪切破坏,泥质软岩/硬土主要呈压缩 - 剪切破坏(局部剪切);预加荷载(相当于基坑埋深)的有无、大小直接影响着各种试样的试验特征值;现场载荷试验的各特征值基本相当于无预加荷载的载荷仿真试验结果。

(3)不同尺寸的软岩/硬土的强度和变形特征存在力学差异,这主要是软岩/硬土裂隙性和不均一性的表现。根据样品的破坏形态,研究了裂隙性对强度的控制性作用,提出了室内岩块试验的优势尺寸问题,所得结论符合岩石的结构控制论特征。

(4)通过不同标准条件下的试验对比、侧压力试验对比、不同围压三轴压缩对比、数值模拟对比、实际工程的沉降观测反演对比等,验证了软岩/硬土载荷仿真试验的合理性和有效性。在此基础上，通过数值模拟技术进行了各种影响因素的敏感性分析。

(5)在试验条件敏感性分析、材料参数的敏感性影响等方面，采用了分步正交试验的方法，实现了以27组数据获得了5因素3水平条件的研究，大大减少了研究工作量。

(6)为水利工程地基承载力补偿理论的建立找到了一条以室内载荷试验为基本手段的研究途径。

(7)试验表明，软岩/硬土的承载力在特定荷载条件下随围压的增加基本呈直线增加；弹性模量、变形模量随围压的增加呈指数增加的规律。

(8)通过侧压力试验，讨论了弹性模量、变形模量、泊松比分段研究的技术可能性与理论合理性，首次提出了变形三大指标的分段性，探讨了参数工程应用的有效区域和数据整理方法。

(9)回弹指标受尺寸效应影响过大，仿真载荷试验的尺寸模拟难以找到规律。

6.2 展望与建议

6.2.1 试验研究过程中存在的主要问题

由于软岩/硬土地层性质特殊，不管是按现有的岩石试验规程还是土工试验规程来表述这类岩土体的物理力学特征，都与实际存在一定的差距。同时，由于试验着重考虑了通过方法的研究同时解决实际工程的问题和实际样品获取的困难，使得研究还存在一些不尽人意的地方，存在的问题主要表现在以下几个方面：

(1)样品组数的限制和样品的不均一性可能导致某些规律认识上的偏差，尤其是小样品试验的影响，因此包括裂隙性试验中的尺寸效应对比等仍没有明确为这种典型岩土的规律性内容。

(2)大型载荷仿真试验取样困难、受限较多，难以大量应用。

(3)表面变形测试方法似乎仍不完善，光纤检测未能成功，一些样品周边变形测试结果不够规律。

6.2.2 展望与建议

(1)鉴于软岩/硬土的特殊性，常规的物理力学试验对其性质的研究还是有限的，且由于土力学和岩石力学的研究方法有一定的区别，尤其是规范的土工或岩石试验方法得到的试验结果在力学指标上存在较大的差距，因此应进一步探求更为合适或有效的试验方法来对其进行更系统的研究，本次进行的对软岩/硬土的载荷仿真试验应该是一个很好的例子。相信对于软岩/硬土的有效研究方法必将进一步丰富，也必将形成具有主流学派的认识理论，甚至形成标准与规范。

(2)对于岩土问题，尤其是软岩/硬土问题，数值模拟只是研究的技术手段之一，用于验证和反演会更加切合实际，单独应用时主要用于规律的认识，其精确数据在这里没有必要深入研究。

(3)软岩/硬土是处于软岩和硬土之间的特殊岩土体，可能时还应该按软岩的特性指标，如风化、崩解及蠕变等，同时按黏土的特性指标，如灵敏度、触变性等，进一步开展研究，以便对这种过渡型岩土体的特性有一个更加完整的认识，便于工程应用或研究。

(4)载荷仿真试验的主要贡献在于找到了一个较为合理有效的研究方法，得出了符合实际的地基承载力和变形模量的特征指标，在变形绝对值上如何恢复这个地基的实际情况有待于进一步研究。

(5)软岩/硬土地基回弹特征和再压缩特征仍需进一步研究。

参 考 文 献

[1] 黄河西霞院水利枢纽工程地质勘察报告[R].郑州:黄河勘测规划设计研究院，1995.

[2] 西霞院反调节水库初步设计报告[R].郑州：黄河勘测规划设计研究院，2002.

[3] 西霞院电站坝段地基处理专家咨询会纪要[R].郑州:小浪底建管局，2004.

[4] 西霞院电站坝段工程地质专题报告[R]. 郑州:黄河勘测规划设计有限公司，2004.

[5] 曲永新. 渡口市的昔格达层滑坡及其地质灾害[C]// 地面岩体工程加固新进展. 北京：中国科技出版社，1992.

[6] 曲永新，吴芝兰，徐晓岚. 北京西客站地铁站的膨胀岩[C]// 第三届全国岩土工程实录交流会.北京：兵器工业出版社，1993.

[7] 张永双，曲永新，胡绍祥，等. 断陷盆地层滑带的地质特征及矿山开发条件下的再变形分析[J]. 工程地质学报，1999，7(2)：154-160.

[8] Rozos D, Koukis G. Slake-durability and geomechanical behaviour of the fine-grained neogene sediments of the NW Peloponnesus Greece[R]. International Symposium on Geotechnical Engineering of Hard Soils-Soft Rocks, Athens, Greece: 1993.

[9] 柴田刚志，聂美琳. 历时十九年导洞才贯通的铁路隧道——北越北线锅立山隧道[J]. 世界隧道，1994(7)：51-58.

[10] 夏佳. 软岩特性及判别方法[J]. 南京建筑工程学院学报，1994，28(1)：31-37.

[11] Terzaqhi K, Ralph B P, Gholamreza M. Soil mechanics in engineering practice [M]. New York:Wiley, 1967.

[12] Rashed M A. Engineering-geological properties of Pliocene argillaceous sediments of the Wadi EI-Natrun area (Egypt)[J]. Bulletin of the International Association of Engineering Geology, 1991, 44(4): 69-77.

[13] Tsiambaos G, Tsaligopoulos C. A proposed method of estimating the swelling characteristics of soils[J]. Bulletin of the International Association of Engineering Geology, 1995, 52(1): 109-115.

[14] Wang Y. Clay mineralogy of Gutingkeng mudstone, southern Taiwan[J]. Acta Geological Taiwanica, 1970(7):9-19.

[15] Osteo C S, Sola P R. Stability problems in slopes constructed on Spanish "blue marl"[R]. International Symposium on Geotechnical Engineering of Hard Soils-Soft Rocks, Athens, Greece: 1993.

[16] Bozinoric D, Coric S. Slope stability analysis in stiff fissured clays and marls[R]. International Symposium on Geotechnical Engineering of Hard Soils-Soft Rocks, Athens, Greece: 1993.

[17] Horak E, Brown E T. Geotechnical problems of the comples of Miocene clay in Bmo[R]. International Symposium on Geotechnical Engineering of Hard Soils-Soft Rocks, Athens,

Greece: 1993.
[18] Bjerrum L, Lo K Y. Effect of aging on the shear strength properties of a normally consolidated clay[J]. Geotechnique, 1963, 13(2): 147-152.
[19] 雷谦荣译. 硬粘土在加压条件下的裂隙参数[J]. Journal of Geotechnical Engineering, 1989, 115(9): 1303-1317.
[20] Vallejo L E, Alaasmi A, Yoo H. Behavior under compression of stiff clays with multiple cracks[R]. International Symposium on Geotechnical Engineering of Hard Soils-Soft Rocks, Athens, Greece: 1993.
[21] 谷德振, 曲永新. 土体结构对土体变形破坏的影响[J]. 工程勘察, 1981(4): 6-9.
[22] 刘祖德, 孔官瑞. 平面应变条件下膨胀土卸荷变形试验研究[J]. 岩土工程学报, 1993, 15(2): 68-73.
[23] 罗嗣海. 不同成因超固结土的深度效应及其应用[J]. 勘察科学技术, 1991(4): 29-32.
[24] 曲永新, 张永双, 杨俊峰. 中国膨胀性岩土一体化工程地质分类理论与实践[C]// 工程地质五十年文集. 北京: 地震出版社, 2000.
[25] 曲永新, 张永双, 覃祖淼. 三趾马红土与西北黄土高原滑坡[J]. 工程地质学报, 1999, 7(3): 257-265.
[26] 曲永新. 泥化夹层的工程地质预报[C]//岩土工程地质力学研究. 北京: 地质出版社, 1985.
[27] 李生林, 等. 中国膨胀土工程地质研究[M]. 南京:江苏省科学技术出版社, 1992.
[28] 胡瑞林, 李向全, 官国琳. 粘性土微观结构的定量化研究进展[C]//第五届全国工程地质大会. 北京: 地震出版社, 1996.
[29] 胡瑞琳. 粘性土微观结构定量模型及其工程地质特征研究[M]. 北京:地质出版社, 1995.
[30] 付景春, 李莉. 蒙脱石对地基胀缩性能的影响[R]// 全国首届膨胀土科学研讨会. 成都: 西南交通大学, 1990.
[31] 唐大熊. 膨胀土在塑性图上位置的探讨[R]//全国首届膨胀土科学研讨会. 成都: 西南交通大学, 1990.
[32] 谭罗荣. 某些膨胀土的基本性质研究[J]. 岩土力学, 1987, 9(5): 31-41.
[33] 格里姆. 粘土矿物学[M]. 许冀泉,译. 北京:地质出版社, 1960.
[34] 须藤俊男. 粘土矿物学[M]. 北京:地质出版社, 1981.
[35] 刘特洪. 工程建设中的膨胀土问题[M]. 北京:中国建筑工业出版社, 1997.
[36] 朱锦云. 川西裂隙硬粘土地基承载力的评价[J]. 工程勘察, 1992(3): 14-19.
[37] 吴宏伟, 施群. 深基坑开挖中的应力路径[J]. 土木工程学报, 1999, 32(6): 53-58.
[38] 韩贝传, 曲永新. 裂隙型硬粘土的力学模型及其在边坡工程中的应用[J]. 工程地质学报, 2001(2): 204-208.
[39] 赵中秀, 王小军. 超固结状态下裂隙粘土的强度特性[J]. 中国铁道科学, 1995, 16

(4)：56-62.
[40] 廖济川. 安徽硬粘土的工程地质特征及工程实践[R]//全国第三次工程地质大会. 成都：成都科技大学，1988.
[41] 李妥德. 裂隙粘土堑坡设计方法[J]. 岩土工程学报，1990，12(2)：47-56.
[42] 马时冬. 拟似超固结粘土的应力—应变—强度特性[J]. 岩土工程学报，1987，9(1)：53-60.
[43] 王钊，刘祖德. 鄂北岗地膨胀土特性与渠道边坡防护和治理研究报告[R]. 武汉:湖北省水利学会膨胀土研究组，1991.
[44] 铁二院第二总队. 昔格达组地层工程地质条件的初步探讨[M]. 北京:人民铁道出版社，1975.
[45] 陈平货，曹东勇，轩锋. 南水北调总干渠Ⅱ渠段上第三系工程地质特性[J]. 西部探矿工程，2006，18(7)：124-129.
[46] 陈全礼，张志敏，周亮. 南水北调中线河南渠段上第三系软岩工程特性浅析[J]. 土工基础，2004，18(5)：73-75.
[47] 张永双，曲永新. 硬土/软岩(岩土间新类型)的确认及其判别分类的研究[J]. 工程地质学报，1999，8(S0)：309-313.
[48] 孔德坊，等. 裂隙性粘土[M]. 北京:地质出版社，1994.
[49] 廖济川. 六安粘土的工程特性及滑坡成因分析[J]. 勘察科学技术，1985(1)：13-19.
[50] 张永双，曲永新. 鲁西南地区上第三系硬粘土的工程特性及其工程环境效应研究[J]. 岩土工程学报，2000，22(4)：445-449.
[51] 张永双，曲永新. 硬土－软岩的厘定及其判别分类[J]. 地质科技情报，2000，19(1)：77-80.
[52] 曲永新，张永双，冯玉勇，等. 中国膨胀土粘土矿物组成的定量研究[J]. 中国膨胀土粘土矿物组成的定量研究，2002，10(S0)：414-422.
[53] 南京水利科学研究院土工研究所. 土工试验技术手册[M]. 北京:人民交通出版社，2002.
[54] 柯尊敏，张鉴诚. 膨胀土填土抗剪强度试验方法的初步探讨[J]. 勘察科学技术，1986(6)：11-15.
[55] 廖济川. 裂隙粘土现场抗剪强度的确定[J]. 岩土工程学报，1986，8(3)：44-54.
[56] 梁俊勋. 南宁第三系粘土质岩及其残坡积粘土的工程地质特性 [J]. 勘察科学技术，1991(6)：42-43.
[57] 康红普. 水对岩石的损伤[J]. 水文地质工程地质，1994(3)：39-41.
[58] 徐永福，史春乐. 宁夏膨胀土的膨胀变化规律[J]. 岩土工程学报，1997，19(3)：95-98.
[59] 李青云，王幼麟. 泥化夹层错动带残余强度与比表面积的相关性研究[C]//第二次全国岩石力学与工程学术会议. 北京：知识出版社，1989.
[60] Hawkins A B, Privett K D. Residual Strength：Does BS 5930 Hel Por Hinder? [C]//Geo-

logical Society. London: Engineering Geology Special Publications, 1986.
[61] 钱家欢，殷宗泽. 土工原理与计算[M]. 北京:中国水利水电出版社，1996.
[62] 张芳枝. 强风化泥质软岩的工程特性及其本构模型参数试验研究[D]. 南京:河海大学，2003.
[63] 刘晓红，曾文德. 地基承载力评价方法探讨 [J]. 湖南理工学院学报，2004，17(2): 85-87.
[64] 何沛田，黄志鹏，张秀明，等. 软岩承载力的确定[C]//中国岩石力学与工程学会第七次学术大会论文集. 北京:中国科学技术出版社,2002.
[65] 刘祖德. 土的抗剪强度的取值标准问题[J]. 岩土工程学报，1987,9(2): 11-19.
[66] Rizkallah V. 裂隙硬粘土的应力—应变性状[C]//地基与基础译文集. 北京：中国建筑工业出版社，1979.
[67] 马骥. 滑坡推力计算中强度指标的反算[C]//第三届土力学及基础工程学术会议论文选集. 北京：中国建筑工业出版社，1981.
[68] 许年金. 裂隙粘土边坡稳定性分析[C]//第三届工程勘察学术交流会议论文选集. 北京：中国建筑工业出版社，1988.
[69] 曹可之. 胀缩土边坡[C]//第四届土力学及基础工程学术会议. 北京:中国建筑工业出版社，1986.
[70] 王成华. 土力学原理[M]. 天津:天津大学出版社，2002.
[71] 童文铎，秦红军，郭威. 南水北调中线工程安阳段第三系软岩的膨胀性评价[J]. 河南水利，2005(4): 9-10.
[72] Attewell P B. Tunneling and site investigations[R]// International Symposium on Geotechnical Engineering of Hard Soils-Soft Rocks, Athens, Greece: 1993.
[73] Grainger P. The classification of mud rocks for engineering Purpose[J]. England geotechnical engineering,1984(17): 381-387.
[74] Akai K. Testing methods for indurated and soft rocks[R]// International Symposium on Geotechnical Engineering of Hard Soils-Soft Rocks, Athens, Greece: 1993.
[75] Vaughan R R. Engineering behavior of weak rocks: some answers and some questions[C]// International Symposium on Geotechnical Engineering of Hard Soils-Soft Rocks, Athens, Greece: 1993.
[76] Xin Q Y. Engineering classifieation of the argillaceous rock sand rapid predietion of their swelling potential[C]//International Symposium on Engineering in ComPlexRocks. Beijing, china: 1986.
[77] Skempton A W. First Time Slid einover consolidated Clays[J]. Geotechnique, 1970, 20(3): 320-324.
[78] 刘祖德，陆士强，包承纲，等. 土的抗剪强度特性[J]. 岩土工程学报，1986，8(1): 6-46.
[79] 胡定. 第十一届国际土力学及基础工程技术汇报[J]. 岩土工程学报，1986，8(3):

63-95.
[80] 黄文熙. 土的工程性质[M]. 北京:水利电力出版社, 1993.
[81] 毕肖普, 朱思哲. 作为工程材料的土的强度性质[J]. 水利水运科技情报, 1973, 6(S0): 57-97.
[82] Anon. Working party report on the description of rock mass for engineering purpose[J]. Quarterly Journal of Engineering Geology and H · rogeology, 1977, 10(4): 355-388.
[83] 孙云志, 黄胜华. 上第三系软岩力学性质试验研究[J]. 人民长江, 2000, 31(5): 37-38.
[84] 袁兆华. 黄河西霞院反调节水库现场载荷试验报告[R]. 2004:
[85] 水利部小浪底水利枢纽建设管理局. 黄河小浪底水利枢纽配套工程——西霞院反调节水库建设论文集[M]. 北京:中国水利水电出版社, 2006.
[86] 南京水利科学研究院. SL 237—1999 土工试验规程[S]. 北京:中国水利水电出版社, 1999.
[87] Fedaa J, Bohác J, Herlea I. Shear resistance of fissured Neogene clays[J]. Engineering Geology, 1995, 39(3-4): 171-184.
[88] 廖济川. 膨胀土抗剪强度的研究概况[R]//全国首届膨胀土科学研讨会. 成都: 西南交通大学, 1990.
[89] 李云通, 等. 中国地层(13)——中国的第三系[M]. 北京:地质出版社, 1984.
[90] 陈祖安. 全国软弱岩石及软弱夹层专题学术讨论会分组讨论综合意见[J]. 水文地质工程地质, 1980(5): 57-59.
[91] 顾宝和, 曲永新, 彭涛. 劣质岩(问题岩)的类型及其工程特性[J]. 工程勘察, 2006(1): 1-7.
[92] 阳明胜, 熊西文, 林建华. MATLAB 基础及数学软件[M]. 大连:大连理工大学出版社, 2003.
[93] 华东水利学院. 弹性力学问题的有限单元法[M]. 北京:水利电力出版社, 1978.
[94] 谢贻权, 何福保. 弹性力学有限单元法[M]. 北京:机械工业出版社, 1981.
[95] 徐芝纶. 弹性力学简明教程[M]. 北京:高等教育出版社, 2002.
[96] 欧阳宇, 王崧. 有限元分析——ANSYS 理论与应用[M]. 北京:电子工业出版社, 2003.
[97] 郝文化. ANSYS 土木工程应用实例[M]. 北京:中国水利水电出版社, 2005.
[98] Zienkiewicz O C. The Finite Element Method[M]. New York:McGRAW-HILL, 1977.
[99] 刘涛, 杨凤鹏. 精通 ANSYS[M]. 北京:清华大学出版社, 2002.
[100] 李权. ANSYS 在土木工程中的应用[M]. 北京:人民邮电出版社, 2005.
[101] 耶格, 库克. 岩石力学基础[M]. 北京:科学出版社, 1981.
[102] 陈安敏, 顾金才, 沈俊, 等. 地质力学模型试验技术应用研究[J]. 岩石力学与工程学报,2004, 23(22): 3785-3789.
[103] 中华人民共和国水利部. SL 264—2001 水利水电工程岩石试验规程[S]. 北京:中国

标准出版社，2001.
[104] 林宗元. 岩土工程试验监测手册[M]. 辽宁:辽宁科学技术出版社，1994.
[105] 王仁，熊祝华，黄文彬. 塑性力学基础[M]. 北京:科学出版社，1982.
[106] 黄河西霞院水利枢纽电站地基变形监测数据汇总[R]. 郑州:黄河勘测规划设计有限公司,2009.

附 录

附表 1　砂质软岩/硬土 2 中心加荷时各测点变形结果(预加荷载 0.22 MPa)

中心荷载	中心柱沉降量	各测点变形量($\times 10^{-3}$ mm)											
p(MPa)	S($\times 10^{-3}$ mm)	1	2	3	4	5	6	7	8	9	10	11	12
0	0	0	0	0	0	0	0	0	0	0	0	0	0
0.13	−21	2	5	2	10	7	6	2	10	2	5	2	10
0.28	−96	8	12	8	21	14	16	3	21	8	12	8	21
0.43	−181	9	20	12	34	19	24	2	34	9	20	12	34
0.58	−352	13	26	18	42	22	31	6	42	13	26	18	42
0.88	−597	14	29	21	49	22	35	8	49	14	29	21	49
0.98	−904	13	32	23	54	22	38	10	54	13	32	23	54
1.08	−1 412	13	35	24	60	19	38	13	60	13	35	24	60
1.18	−1 693	13	38	27	67	18	40	16	67	13	38	27	67
1.28	−1 980	14	42	30	75	17	42	20	75	14	42	30	75
1.38	−2 349	9	44	29	81	14	40	23	81	9	44	29	81

附表 2　砂质软岩/硬土 3 中心加荷时各测点变形结果(预加荷载 0.40 MPa)

中心荷载	中心柱沉降量	各测点变形量($\times 10^{-3}$ mm)											
p(MPa)	S($\times 10^{-3}$ mm)	1	2	3	4	5	6	7	8	9	10	11	12
0	0	0	0	0	0	0	0	0	0	0	0	0	0
0.15	−10	1	3	0	1	1	0	0	1	2	0	0	0
0.30	−25	2	5	1	2	1	0	1	1	2	0	1	2
0.40	−45	2	8	3	4	3	2	3	3	4	2	3	4
0.50	−60	4	10	5	7	4	2	5	5	5	2	5	6
0.60	−80	4	12	7	8	4	2	7	5	5	2	7	8
0.70	−120	4	13	9	10	5	3	9	8	5	3	9	10
0.80	−145	6	15	11	13	5	4	11	10	6	4	11	12
0.90	−175	6	17	12	14	6	5	12	12	6	5	12	13
1.00	−205	6	18	14	16	6	6	14	13	6	6	14	15
1.10	−245	7	19	15	16	7	7	15	14	6	7	15	16
1.20	−305	6	20	16	17	7	9	16	15	5	9	16	17
1.40	−380	7	21	17	18	7	9	17	16	4	9	17	18
1.60	−635	6	23	19	20	7	12	19	19	1	12	19	21
1.80	−990	6	26	24	25	7	15	24	26	0	15	24	26

附表 3　砂质软岩/硬土 4 中心加荷时各测点变形结果(预加荷载 0.60 MPa)

中心荷载	中心柱沉降量	各测点变形量($\times10^{-3}$ mm)											
p(MPa)	S($\times10^{-3}$ mm)	1	2	3	4	5	6	7	8	9	10	11	12
0	0	0	0	0	0	0	0	0	0	0	0	0	0
0.10	0	3	1	1	5	9	11	1	5	3	5	2	0
0.20	-4	5	5	16	30	23	35	16	27	5	20	4	2
0.30	-5	7	24	37	58	39	58	37	54	7	24	37	14
0.40	-6	8	33	47	70	46	68	47	64	8	33	47	17
0.50	-7	10	43	56	80	52	77	56	72	10	43	56	21
0.60	-8	11	49	62	88	57	84	62	77	11	49	62	25
0.70	-9	12	54	66	92	62	90	66	80	12	54	66	27
0.80	-10	12	57	71	97	63	95	71	84	12	57	71	31
0.90	-12	14	62	76	103	67	100	76	89	14	62	76	35
1.00	-14	14	65	79	105	69	103	79	91	14	65	79	37
1.20	-20	19	70	84	106	73	108	84	95	19	70	84	40
1.40	-160	21	74	88	110	77	113	88	98	21	74	88	42
1.60	-270	30	86	98	119	83	125	98	108	30	86	98	51
1.80	-610	31	87	100	121	84	127	100	109	31	87	100	52

附表 4　重塑砂 1 中心加荷时各测点变形结果(预加荷载 0.30 MPa)

中心荷载	中心柱沉降量	各测点变形量($\times10^{-3}$ mm)											
p(MPa)	S($\times10^{-3}$ mm)	1	2	3	4	5	6	7	8	9	10	11	12
0	0	0	0	0	0	0	0	0	0	0	0	0	0
0.15	-2	0	0	0	0	1	1	0	0	1	0	0	0
0.30	-16	-1	0	0	0	0	2	1	1	1	0	1	0
0.45	-38	0	0	0	0	-1	3	3	2	1	0	3	1
0.60	-63	0	-1	0	0	0	4	3	2	1	0	3	1
0.70	-88	1	0	0	3	0	4	4	3	1	0	4	1
0.80	-128	2	0	1	2	-1	5	4	4	1	0	4	2
0.90	-181	3	0	2	2	-1	5	4	5	1	1	4	2
1.00	-252	7	0	1	3	-3	6	7	8	1	2	7	2
1.10	-301	8	0	1	3	-3	6	7	10	1	2	7	3
1.20	-346	9	0	1	3	-4	7	8	11	1	2	8	3
1.30	-445	13	1	1	2	-6	9	10	15	-1	3	10	3
1.50	-588	16	1	2	2	-9	9	11	17	-4	3	11	4
1.70	-717	17	1	3	2	-10	10	12	18	-5	4	12	4
1.90	-932	20	2	3	2	-15	10	13	22	-9	3	13	4
2.10	-1 181	23	3	3	0	-20	10	15	24	-13	3	15	5
2.30	-1 630	28	6	3	-4	-26	10	18	29	-16	3	18	7
2.50	-2 035	30	8	4	-6	-27	10	19	30	-17	3	19	7
2.70	-2 636	30	9	4	-7	-28	11	19	31	-18	3	19	7

附表 5　重塑砂 2 中心加荷时各测点变形结果(预加荷载 0)

中心荷载 p(MPa)	中心柱沉降量 S($\times 10^{-3}$ mm)	各测点变形量($\times 10^{-3}$ mm)											
		1	2	3	4	5	6	7	8	9	10	11	12
0	0	0	0	0	0	0	0	0	0	0	0	0	0
0.15	-1 024	-53	-36	-30	-26	-57	-42	-39	-40	-61	-47	-43	-48
0.30	-1 945	-165	-70	-61	-51	-170	-85	-77	-91	-156	-92	-95	-116
0.40	-5 930	-293	-28	-89	-103	-303	-104	-131	-225	-273	-122	-179	-330

附表 6　重塑砂 3 中心加荷时各测点变形结果(预加荷载 0.50 MPa)

中心荷载 p(MPa)	中心柱沉降量 S($\times 10^{-3}$ mm)	各测点变形量($\times 10^{-3}$ mm)											
		1	2	3	4	5	6	7	8	9	10	11	12
0	0	0	0	0	0	0	0	0	0	0	0	0	0
0.10	-10	29	2	24	-26	29	30	30	14	33	5	7	46
0.20	-20	37	3	33	-12	37	38	40	24	42	8	12	60
0.30	-30	46	3	41	-6	44	46	48	32	51	12	21	71
0.40	-35	50	4	45	-4	49	51	53	36	55	14	24	78
0.50	-40	54	4	49	-11	52	55	57	38	59	16	25	85
0.60	-45	55	5	31	-12	54	58	59	41	62	19	28	89
0.70	-70	56	5	32	-10	56	60	61	43	65	20	30	93
0.80	-130	59	5	32	-13	58	62	64	46	67	22	31	96
0.90	-210	62	6	36	-13	61	67	70	52	71	28	36	106
1.00	-240	65	6	39	-8	63	69	72	55	74	32	41	109
1.10	-610	69	6	45	-13	66	76	78	60	78	39	47	116

附表 7　重塑砂 4 中心加荷时各测点变形结果(预加荷载 0.65 MPa)

中心荷载 p(MPa)	中心柱沉降量 S(×10⁻³ mm)	各测点变形量(×10⁻³ mm)											
		1	2	3	4	5	6	7	8	9	10	11	12
0	0	0	0	0	0	0	0	0	0	0	0	0	0
0.15	-5	2	14	15	18	14	15	3	17	14	2	16	17
0.25	-6	4	28	27	33	25	27	7	33	25	4	29	30
0.35	-7	5	36	37	46	34	37	13	46	33	6	39	42
0.45	-8	8	44	44	53	40	44	15	56	39	8	46	48
0.55	-15	13	54	54	65	47	54	22	69	47	9	57	59
0.65	-23	15	61	59	71	53	59	27	76	52	11	63	63
0.75	-40	17	65	63	76	57	63	30	81	57	13	67	70
0.85	-74	22	71	69	84	62	69	35	90	62	16	73	75
0.95	-160	27	81	78	95	69	78	44	101	71	25	84	86
1.05	-342	29	88	85	102	73	85	50	110	76	31	91	93
1.15	-455	31	91	88	106	75	88	52	113	79	33	94	95

附表 8　泥质软岩/硬土 1 中心加荷时各测点变形结果(预加荷载 0)

中心荷载 p(MPa)	中心柱沉降量 S(×10⁻³ mm)	各测点变形量(×10⁻³ mm)											
		1	2	3	4	5	6	7	8	9	10	11	12
0	0	0	0	0	0	0	0	0	0	0	0	0	0
0.15	-507	0	-8	-2	-1	-84	-29	-17	-5	-41	-25	-5	-14
0.30	-937	-50	-37	-26	-28	-162	-82	-56	-39	-97	-64	-29	-49
0.45	-1 865	-70	-33	-35	-55	-246	-133	-98	-89	-141	-95	-54	-87
0.60	-7 174	282	270	116	-2	195	349	39	-28	210	174	-5	-27

附表9　泥质软岩/硬土2中心加荷时各测点变形结果(预加荷载0.40 MPa)

中心荷载	中心柱沉降量	各测点变形量($\times10^{-3}$ mm)											
p(MPa)	S($\times10^{-3}$ mm)	1	2	3	4	5	6	7	8	9	10	11	12
0	0	0	0	0	0	0	0	0	0	0	0	0	0
0.10	-20	0	3	7	17	16	19	8	9	13	13	10	3
0.20	-54	-1	3	9	26	22	27	11	15	19	17	13	4
0.30	-106	-2	3	11	27	25	31	12	15	20	20	15	4
0.40	-150	-1	3	12	29	27	33	14	15	22	20	16	4
0.55	-249	-2	4	13	30	30	36	14	16	23	22	17	4
0.70	-360	-2	4	13	31	31	37	15	17	24	22	17	5
0.85	-467	-3	3	13	32	31	39	15	17	24	22	18	5
1.00	-589	-3	4	14	33	31	41	15	18	25	23	17	5
1.15	-768	-4	2	15	42	36	49	20	24	31	27	21	7
1.30	-1 008	-4	3	15	44	36	53	21	25	32	29	21	6
1.45	-1 287	-5	3	16	44	36	53	22	26	33	29	21	7

附表10　泥质软岩/硬土3中心加荷时各测点变形结果(预加荷载0)

中心荷载	中心柱沉降量	各测点变形量($\times10^{-3}$ mm)											
p(MPa)	S($\times10^{-3}$ mm)	1	2	3	4	5	6	7	8	9	10	11	12
0	0	0	0	0	0	0	0	0	0	0	0	0	0
0.10	-17	-1	-1	0	1	1	0	0	0	0	0	0	0
0.20	-49	-4	-3	-1	1	0	-1	1	1	-2	-1	0	-1
0.30	-84	-8	-7	-2	-1	-1	-1	0	1	-5	-1	-5	-4
0.40	-126	-15	-13	-6	-5	-6	-5	-2	1	-10	-5	-9	-7
0.50	-185	-19	-15	-6	-5	-10	-8	-4	0	-16	-8	-10	-9
0.55	-211	-22	-18	-7	-7	-15	-11	-6	0	-19	-10	-13	-12
0.65	-258	-26	-19	-7	-7	-20	-13	-7	0	-25	-13	-16	-14
0.75	-307	-26	-18	-6	-5	-25	-17	-9	0	-29	-15	-17	-12
0.90	-391	-30	-19	-6	-3	-32	-21	-9	0	-36	-19	-17	-14
1.00	-464	-36	-21	-5	3	-46	-31	-16	-10	-44	-25	-23	-13
1.10	-508	-39	-20	-4	6	-48	-32	-16	-11	-48	-27	-23	-12
1.20	-590	-41	-20	-2	10	-54	-34	-16	-11	-53	-30	-23	-12
1.30	-649	-47	-24	-1	12	-60	-40	-18	-11	-58	-34	-23	-12
1.53	-1 107												

附表11　泥质软岩/硬土4中心加荷时各测点变形结果(预加荷载0.60 MPa)

中心荷载	中心柱沉降量	各测点变形量($\times10^{-3}$ mm)											
p(MPa)	S($\times10^{-3}$ mm)	1	2	3	4	5	6	7	8	9	10	11	12
0	0	0	0	0	0	0	0	0	0	0	0	0	0
0.90	-103	8	-7	32	1	16	13	18	28	-149	9	22	-14
1.50	-200	11	21	1	-6	29	-6	11	27	-123	15	11	-3
1.95	-465	18	3	12	-3	24	13	12	13	-88	11	11	-6

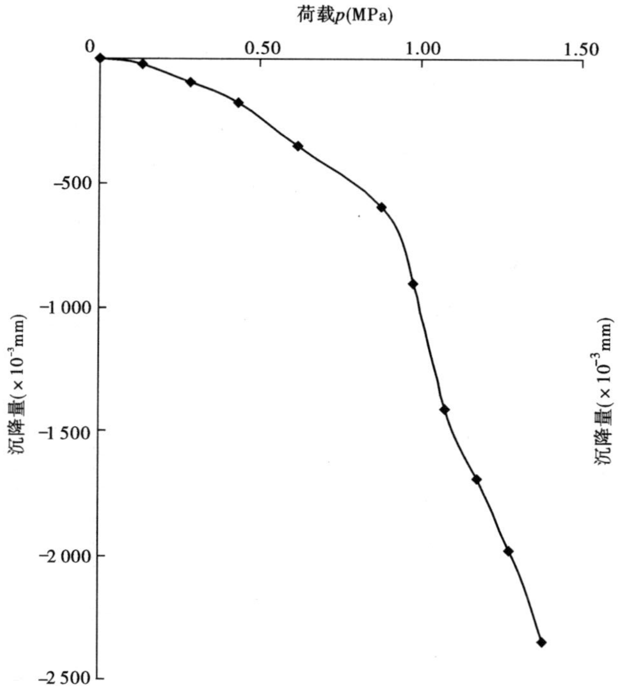

(a)砂质软岩/硬土2 p~S曲线

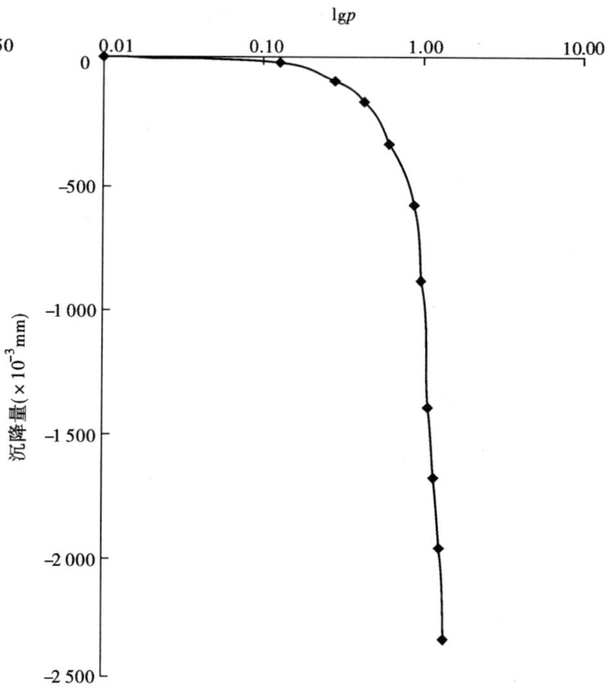

(b)砂质软岩/硬土2 lg$p$~S曲线

荷载p (MPa)	沉降量S ($\times 10^{-3}$mm)
0	0
0.13	−21
0.28	−96
0.43	−18
0.58	−352
0.88	−597
0.98	−904
1.08	−1 412
1.18	−1 693
1.28	−1 980
1.38	−2 349

附图1　砂质软岩/硬土2 p~S关系曲线（预加荷载0.22 MPa）

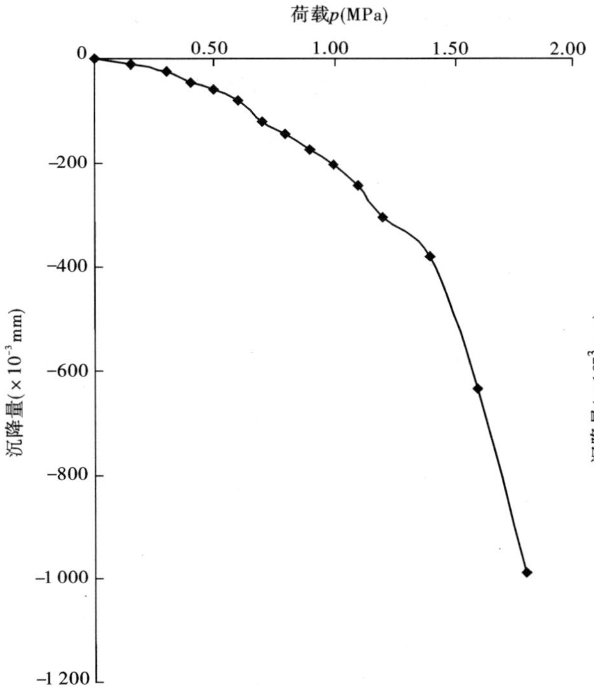

(a)砂质软岩/硬土3 $p \sim S$曲线

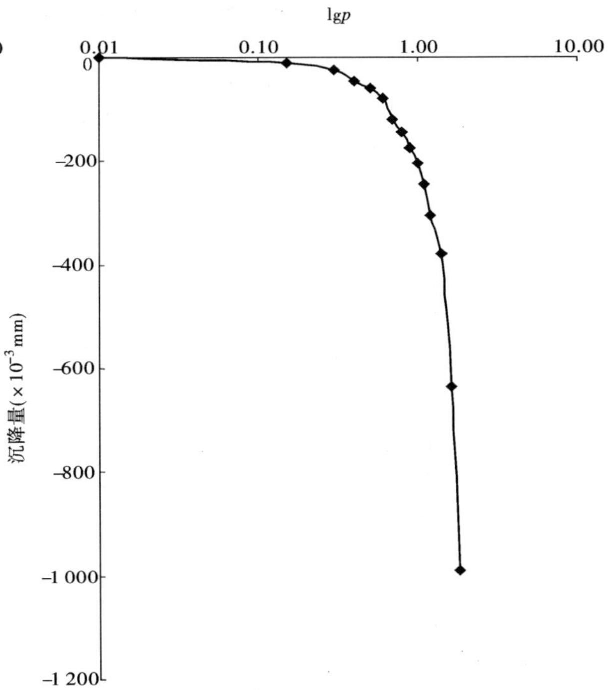

(b)砂质软岩/硬土3 lg$p \sim S$曲线

荷载p (MPa)	沉降量S ($\times 10^{-3}$ mm)
0	0
0.15	−10
0.30	−25
0.40	−45
0.50	−60
0.60	−80
0.70	−120
0.80	−145
0.90	−175
1.00	−205
1.10	−245
1.20	−305
1.40	−380
1.60	−635
1.80	−990

附图2　砂质软岩/硬土3　$p \sim S$关系曲线（预加荷载0.40 MPa）

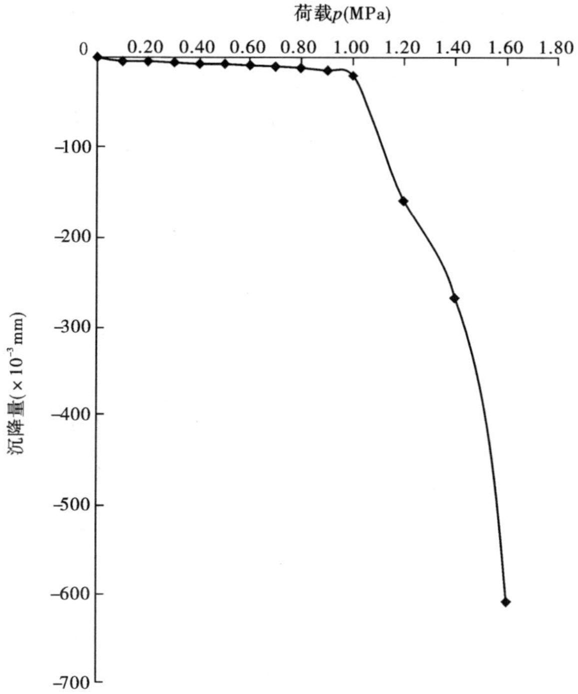

(a)砂质软岩/硬土4 $p\sim S$曲线

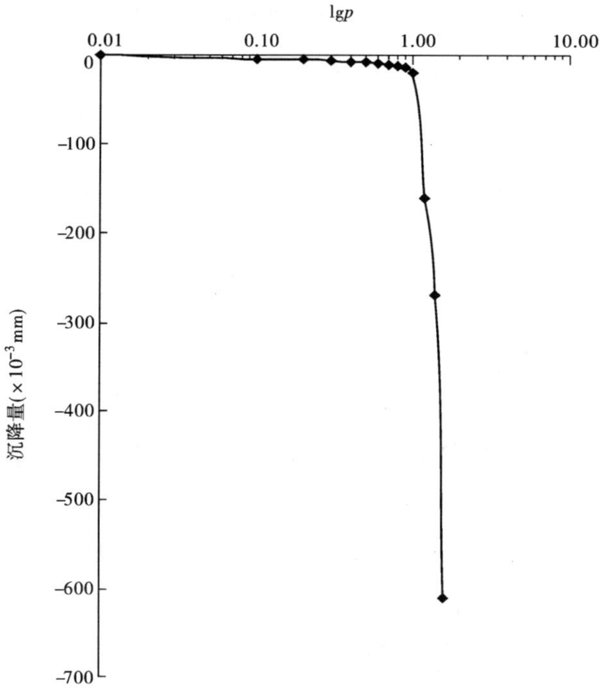

(b)砂质软岩/硬土4 $\lg p\sim S$曲线

荷载p (MPa)	沉降量S ($\times10^{-3}$ mm)
0	0
0.10	−4
0.20	−5
0.30	−6
0.40	−7
0.50	−8
0.60	−9
0.70	−10
0.80	−12
0.90	−14
1.00	−20
1.20	−160
1.40	−270
1.60	−610

附图3 砂质软岩/硬土4 $p\sim S$关系曲线（预加荷载0.60 MPa）

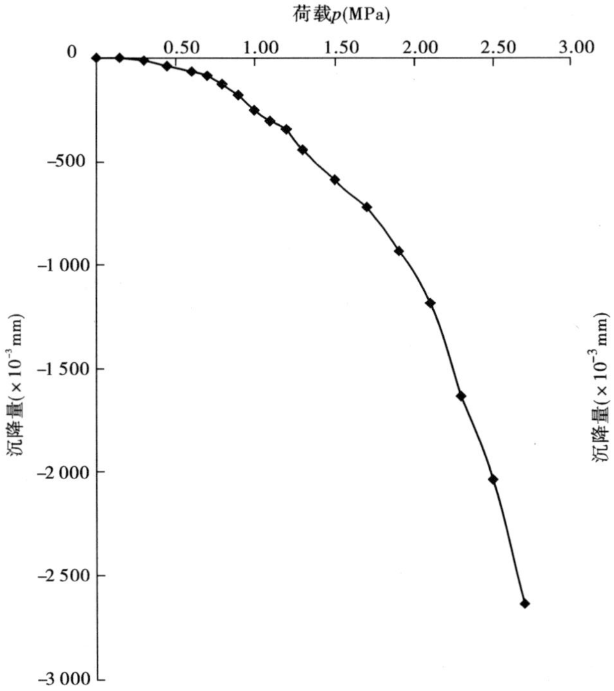

(a)重塑砂1 $p\sim S$曲线

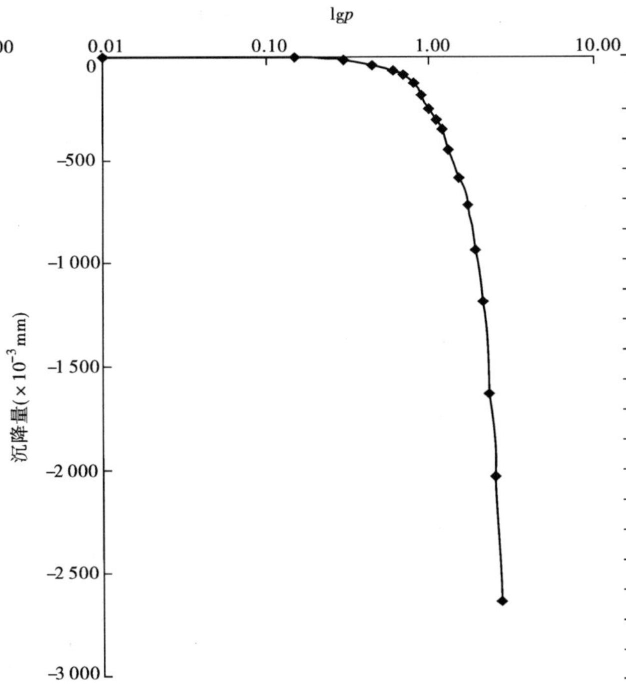

(b)重塑砂1 $\lg p\sim S$曲线

荷载p (MPa)	沉降量S ($\times10^{-3}$ mm)
0	0
0.15	−2
0.30	−16
0.45	−38
0.60	−63
0.70	−88
0.80	−128
0.90	−181
1.00	−252
1.10	−301
1.20	−346
1.30	−445
1.50	−588
1.70	−717
1.90	−932
2.10	−1 181
2.30	−1 630
2.50	−2 035
2.70	−2 636

附图4 重塑砂1 $p\sim S$关系曲线(预加荷载0.30 MPa)

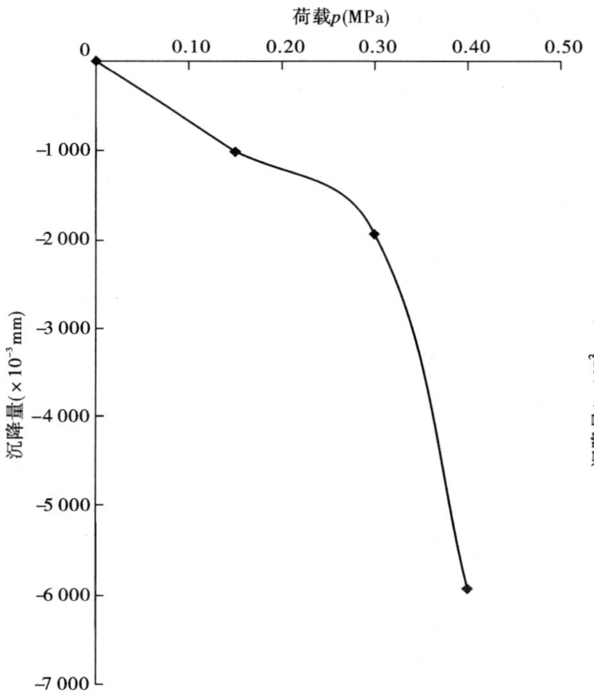

(a)重塑砂2 $p\sim S$曲线

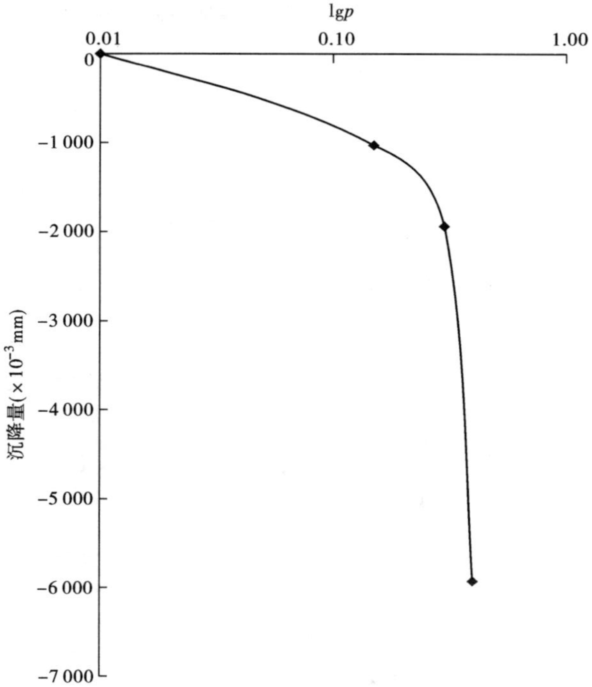

(b)重塑砂2 $\lg p\sim S$曲线

荷载p (MPa)	沉降量S ($\times 10^{-3}$mm)
0	0
0.15	-1 024
0.30	-1 945
0.40	-5 930

附图5　重塑砂 2　$p\sim S$关系曲线（预加荷载 0）

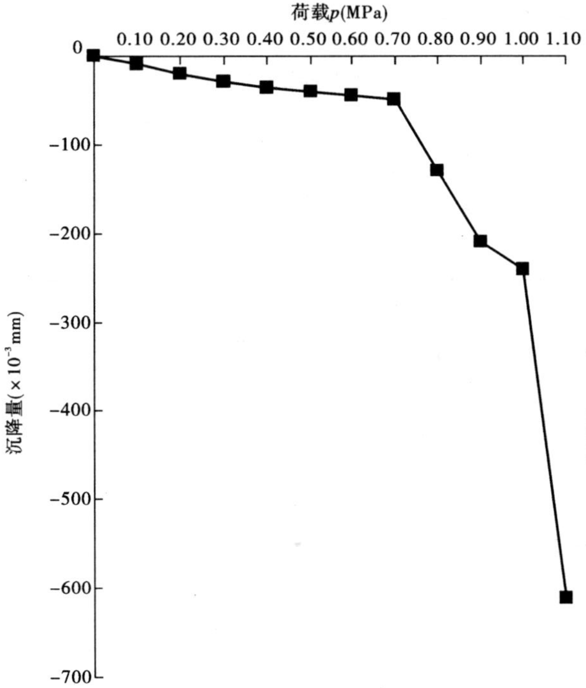

(a)重塑砂3 $p\sim S$曲线

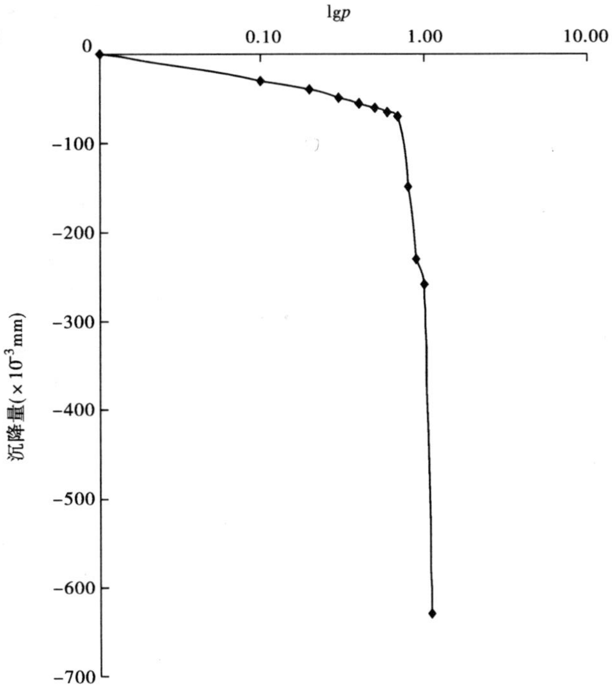

(b)重塑砂3 $\lg p\sim S$曲线

荷载p (MPa)	沉降量S ($\times 10^{-3}$ mm)
0	0
0.10	-10
0.20	-20
0.30	-30
0.40	-35
0.50	-40
0.60	-45
0.70	-50
0.80	-130
0.90	-210
1.00	-240
1.10	-610

附图6　重塑砂3 $p\sim S$关系曲线(预加荷载500 MPa)

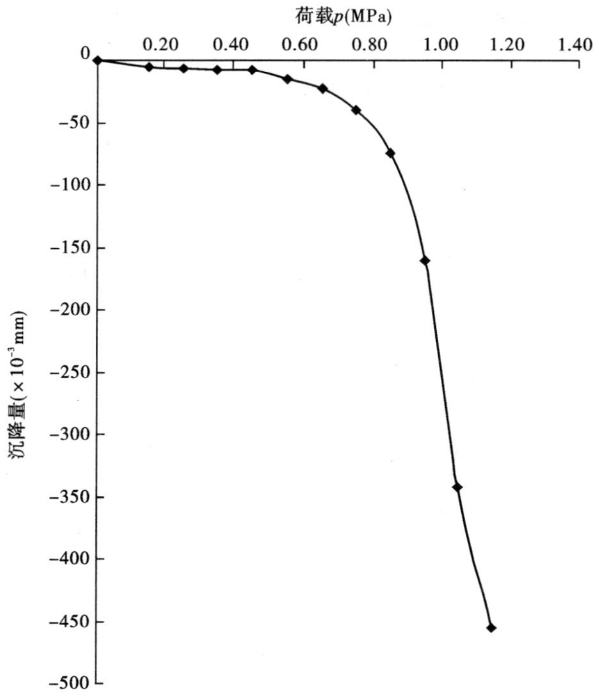

(a)重塑砂4 p~S曲线

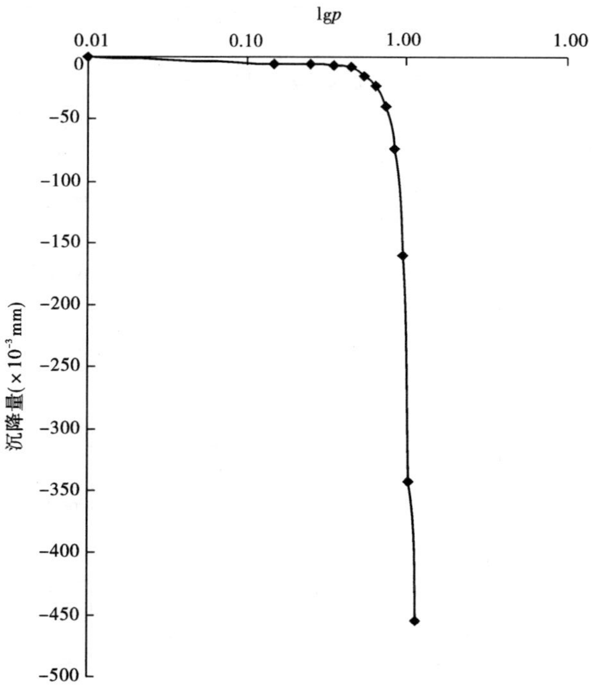

(b)重塑砂4 lg$p$~S曲线

荷载p (MPa)	沉降量S ($\times 10^{-3}$ mm)
0	0
0.15	-5
0.25	-6
0.35	-7
0.45	-8
0.55	-15
0.65	-23
0.75	-40
0.85	-74
0.95	-160
1.05	-342
1.15	-455

附图7　重塑砂4　p~S关系曲线（预加荷载0.65 MPa）

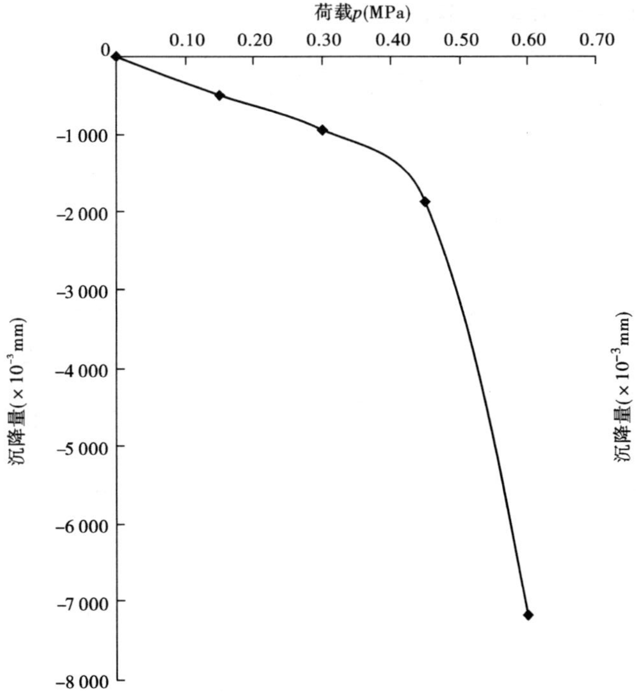

(a)泥质软岩/硬土1 $p\sim S$曲线

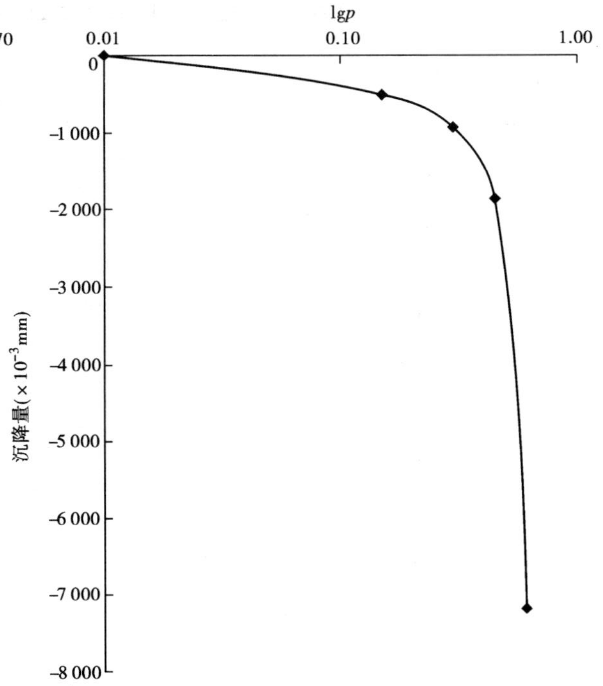

(b)泥质软岩/硬土1 lg$p\sim S$曲线

荷载p (MPa)	沉降量S ($\times 10^{-3}$mm)
0	0
0.15	−507
0.30	−937
0.45	−1 865
0.60	−7 174

附图8 泥质软岩/硬土1 $p\sim S$关系曲线(预加荷载0)

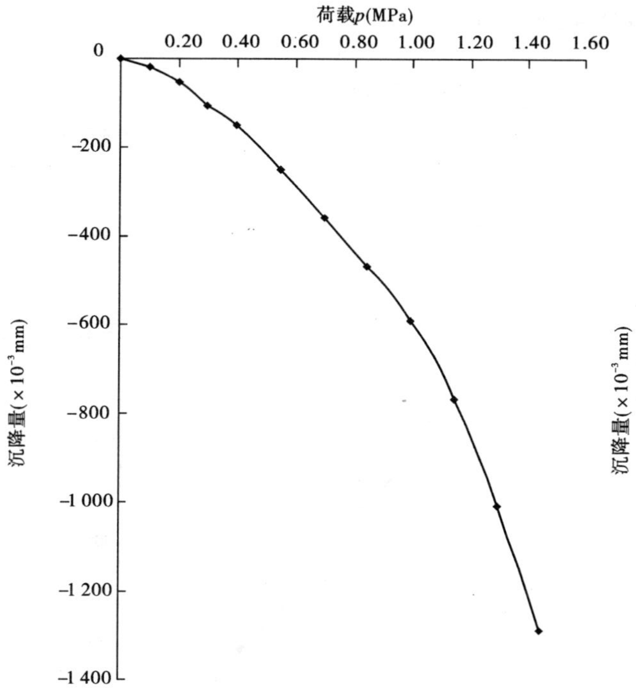

(a)泥质软岩/硬土2 $p \sim S$曲线

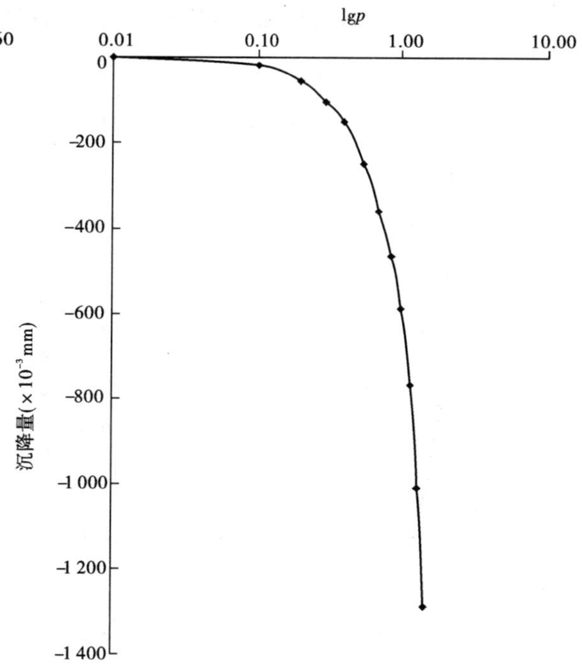

(b)泥质软岩/硬土2 $\lg p \sim S$曲线

荷载p (MPa)	沉降量S ($\times 10^{-3}$mm)
0	0
0.10	−20
0.20	−54
0.30	−106
0.40	−150
0.55	−249
0.70	−360
0.85	−467
1.00	−589
1.15	−768
1.30	−1 008
1.45	−1 287

附图9　泥质软岩/硬土2　$p \sim S$关系曲线（预加荷载0.40 MPa）

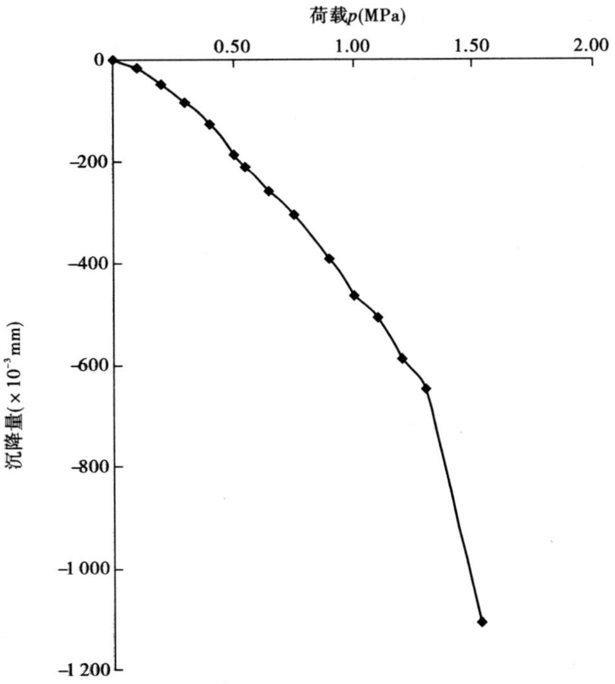

(a)泥质软岩/硬土3 p~S曲线

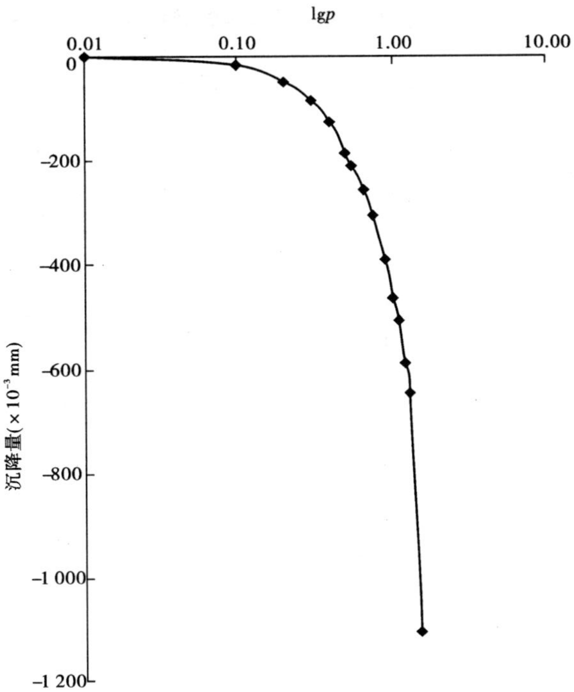

(b)泥质软岩/硬土3 lg$p$~S曲线

荷载p (MPa)	沉降量S ($\times 10^{-3}$mm)
0	0
0.10	−17
0.20	−49
0.30	−84
0.40	−126
0.50	−185
0.55	−211
0.65	−258
0.75	−307
0.90	−391
1.00	−464
1.10	−508
1.20	−590
1.30	−649
1.53	−1 107

附图10　泥质软岩/硬土3 p~S关系曲线（预加荷载0）

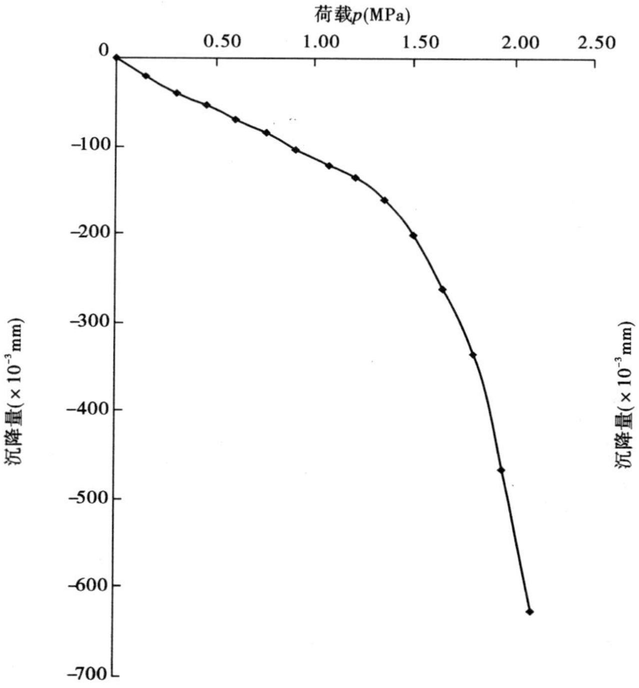

(a)泥质软岩/硬土4 p~S曲线

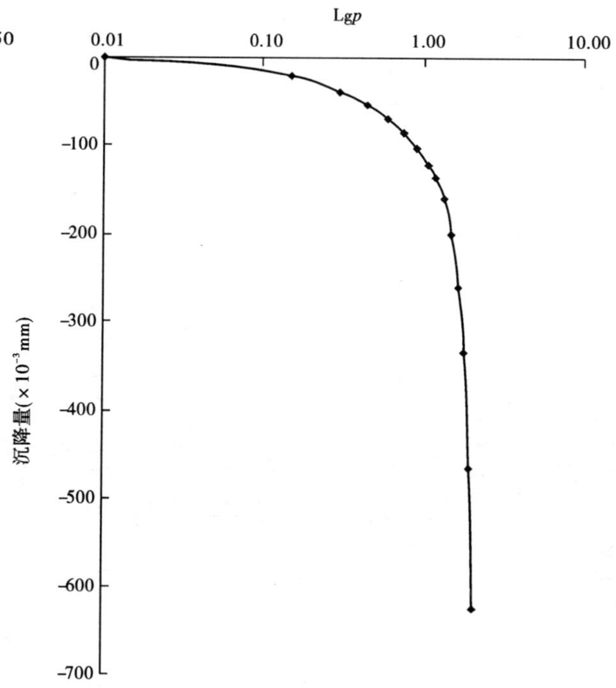

(b)泥质软岩/硬土4 lg$p$~S曲线

荷载p (MPa)	沉降量S ($\times10^{-3}$mm)
0	0
0.15	−20
0.30	−40
0.45	−54
0.60	−70
0.75	−85
0.90	−103
1.07	−122
1.20	−135
1.35	−160
1.50	−200
1.65	−260
1.80	−335
1.95	−465
2.10	−625

附图11　泥质软岩/硬土4 p~S关系曲线（预加荷载0.60 MPa）

作者主持的科研项目

[1] 郑州市郑东新区龙子湖工程环境生态水文地质问题分析与评价研究。
[2] 河南省宝泉抽水蓄能电站关键工程地质问题研究。
[3] 黄河小浪底水利枢纽配套工程——西霞院反调节水库三维渗流场的模拟及对工程的影响研究。
[4] 黄河下游堤防工程地质勘察研究。
[5] 工程地质计算机辅助制图标准研究。
[6] 聊城—兰考隐伏活动断裂综合研究及黄河下游河道稳定性分析。
[7] 黄河下游堤防工程安全度评价研究。
[8] 土的分类标准研究。
[9] 粘性土接触冲刷标准研究。
[10] 软岩/硬土仿真试验研究。
[11] 南水北调西线工程隧洞变形与衬砌型式研究。
[12] 黄河下游标准化堤防控制性标准研究。
[13] 分散性土的分散机理与鉴定方法研究。
[14] 膨胀性岩土的记忆性研究。
[15] 高角度岩体物理力学参数获取方法研究。
[16] 中等强度混凝土骨料强度衰减规律和耐久性研究。